BestMasters

Mit „BestMasters" zeichnet Springer die besten, anwendungsorientierten Masterarbeiten aus, die im Jahr 2013 an renommierten Wirtschaftslehrstühlen Deutschlands, Österreichs und der Schweiz entstanden sind.

Die mit Bestnote ausgezeichneten und durch Gutachter zur Veröffentlichung empfohlenen Arbeiten weisen i.d.R. einen deutlichen Anwendungsbezug auf und behandeln aktuelle Themen aus unterschiedlichen Teilgebieten der Wirtschaftswissenschaften.

Die Reihe wendet sich an Praktiker und Wissenschaftler gleichermaßen und soll insbesondere auch Nachwuchs-Wissenschaftlern Orientierung geben.

Julia Ruthus

Employer of Choice der Generation Y

Herausforderungen und Erfolgsfaktoren zur Steigerung der Arbeitgeberattraktivität

Mit einem Geleitwort von
Prof. Dr. habil Rüdiger Reinhardt

 Springer Gabler

Julia Ruthus
München, Deutschland

ISBN 978-3-658-04733-7   ISBN 978-3-658-04734-4 (eBook)
DOI 10.1007/978-3-658-04734-4

Die Deutsche Nationalbibliothek verzeichnet diese Publikation in der Deutschen Natio-
nalbibliografie; detaillierte bibliografische Daten sind im Internet über http://dnb.d-nb.de
abrufbar.

Springer Gabler

Springer Gabler ist eine Marke von Springer DE. Springer DE ist Teil der Fachverlagsgruppe
Springer Science+Business Media.
www.springer-gabler.de

Geleitwort

Die SRH Fernhochschule Riedlingen ist fest in regionalen und überregionalen Kooperationen verankert. Sie ist ein anerkannter Partner für Forschung und Entwicklung und bearbeitet innovative Ideen angewandter Wissenschaft. Lehre und angewandte Forschung sind die zentralen Säulen der Hochschule. Die Forschung dient der Generierung von praxisrelevantem Wissen und Know-how, das die Wettbewerbsfähigkeit von Unternehmen stärkt und den Studierenden aktuell zur Verfügung gestellt wird. Die Studierenden profitieren von der Anwendung wissenschaftlicher Methoden und Instrumente.

Die Qualität von Lehre und Forschung bedingt sich inhaltlich und strukturell. Forschungs- und Entwicklungsprojekte in Kooperation mit der Wirtschaft und geförderte Projekte der öffentlichen Hand nehmen dabei eine besondere Stellung ein. Forschungs- und Entwicklungsaktivitäten stehen auf einem breiten Fundament in allen Studiengängen.

Interdisziplinäre Zusammenarbeit zwischen den wirtschaftswissenschaftlichen und wirtschaftspsychologischen Studiengängen wird gerade aufgrund der Matrixstruktur der Hochschule gefördert. Die Anwendungsorientierung unserer Forschung ist nicht nur unserem Selbstverständnis, sondern insbesondere dem Umstand geschuldet, dass ca. 95% unserer Studierenden berufsbegleitend studieren. Konsequenterweise wird der Großteil der Abschlussarbeiten im näheren Umfeld des Arbeitgebers geschrieben, greift also betriebliche Fragestellungen auf.

Nicht nur praxisrelevant, sondern darüber hinaus auch noch wissenschaftlich besonders anspruchsvoll sind dann solche - wie die drei eingereichten - Arbeiten, die über die Lösung konkreter betrieblicher Probleme hinausgehen und versuchen, generalisierbare Ergebnisse abzuleiten.

Der weiterbildende Masterstudiengang "Wirtschaftspsychologie, Leadership und Management" wurde erstmalig zum WS 2010/11 angeboten und verfolgt das Ziel, Persönlichkeiten mit erstem Studienabschluss in den Bereichen Führung & Management sowie Arbeits- und Organisationspsychologie oder Markt- und Werbepsychologie weiterzubilden. Die eingereichten Arbeiten stammen von drei AbsolventInnen dieses Studiengangs.

Prof. Dr. habil Rüdiger Reinhardt

Kurzfassung

Die vorliegende Masterthesis befasst sich, vor dem Hintergrund des demographischen Wandels und dem resultierenden Fachkräftemangel, mit der zunehmend an Aufmerksamkeit gewinnenden Generation Y (Geburtsjahrgänge nach 1980), die sich gemäß der einschlägigen personalwirtschaftlichen Literatur durch völlig andere Wertorientierungen und Bedürfnisse auszeichnet als ihre Vorgänger.

Es wird angenommen, dass es zukünftig eine der vordringlichsten Aufgaben des Human Resources Managements sein wird, sich systematisch mit der Generation Y auseinanderzusetzen und die entsprechenden Personalaktivitäten zielgruppenspezifisch auszurichten. Daher wird der Versuch unternommen, die Generation Y umfassend zu typisieren sowie deren Präferenzen hinsichtlich eines Arbeitgebers der Wahl als auch deren berufsbezogene Bedürfnisse im Vergleich zu anderen Generationen darzustellen.

Mittels der Ergebnisse einer eigens zu diesem Zweck entworfenen empirischen Untersuchung, an der sich 438 Personen beteiligten, werden die Entscheidungsparameter hinsichtlich eines ‚Employers of Choice' der Generation Y abgebildet sowie diesbezügliche Unterschiede zu anderen Generationen erfasst. Hierbei wird angenommen, dass Arbeitgeber dann als attraktiv wahrgenommen werden, insofern Mitarbeiter davon ausgehen können, ihre berufsbezogenen Bedürfnisse zu erfüllen.

Es konnte aufgezeigt werden, dass sich die Bedürfnisse und somit die Wahrnehmung der Arbeitgeberattraktivität in Abhängigkeit der Generationen kaum unterscheiden, hingegen Einflussgrößen wie Bildungsniveau, Berufserfahrung, Unternehmensgröße und Personalverantwortung Abweichungen deutlicher erklären. Eine umfassende generationsspezifische Ausrichtung der Personalaktivitäten erscheint somit nicht gerechtfertigt.

Aus den gewonnenen Erkenntnissen werden ferner personalwirtschaftliche Handlungsfelder in Bezug auf die Generation Y identifiziert und Implikationen zur Erhöhung der Arbeitgeberattraktivität in den Bereichen Mitarbeitergewinnung, -entwicklung und -bindung abgeleitet.

Schlagwörter: Generation Y, Arbeitgeberattraktivität, Personalmanagement, berufsbezogene Bedürfnisse, generationsspezifische Ausrichtung von Personalaktivitäten

Inhaltsverzeichnis

Abkürzungsverzeichnis

a.a.O.	am angegebenen Ort
AG	Arbeitgeber
AufenthG	Gesetz über den Aufenthalt, die Erwerbstätigkeit und die Integration von Ausländern im Bundesgebiet
B	Regressionskoeffizient
BB	Baby Boomers
BE	Berufserfahrung
bzw.	beziehungsweise
CSR	Corporate Social Responsibility
DGFP	Deutsche Gesellschaft für Personalführung e.V.
e.V.	eingetragener Verein
f. (ff.)	folgende Seite (n)
FuE	Forschung und Entwicklung
Gen	Generation
Hrsg.	Herausgeber
IAB	Institut für Arbeitsmarkt- und Berufsforschung
IBE	Institut für Beschäftigung und Employability
IFOK	Institut für Organisationskommunikation
k.A.	keine Angabe
KMU	Kleine und mittlere Unternehmen
MA	Mitarbeiter
n	Stichprobengröße
Nr.	Nummer
o.O.	ohne Ortsangabe
o.S.	ohne Seitenangabe

o.V.	ohne Verfasser
p	Signifikanz
R	Multipler Korrelationskoeffizient
R^2	Bestimmtheitsmaß
S.	Seite
SE	Standardfehler
u.a.	unter anderem, unter anderen, und andere/ (s)
vgl.	vergleiche
WU	Wirtschaftsunternehmen
β	Standardisierte Koeffizienten

Der Einfachheit und Lesbarkeit halber, wird im Folgenden weitgehend auf die Unterscheidung der männlichen und weiblichen Form verzichtet.

Zum Zeitpunkt der Fertigstellung der Arbeit führten die Verweise auf Internetseiten zu den gewünschten Inhalten. Sollten zu einem späteren Zeitpunkt die Internetseiten verändert worden sein, distanziert sich die Verfasserin von den inhaltlichen Aussagen der Internetseiten.

Abbildungsverzeichnis

Tabellenverzeichnis

1 Einführung

Die Themen Arbeitgeberattraktivität und Employer Branding haben in den vergangenen Jahren verstärkt an Bedeutung in der personalwirtschaftlichen Diskussion gewonnen. Gründe hierfür sind beispielsweise (bspw.) die Auswirkungen des demographischen Wandels und die daher mittelfristig zu erwartende Knappheit an hochqualifizierten Fachkräften, den sogenannten (sog.) High Potentials. Die wachsenden Herausforderungen der Akquisition, Bindung und Allokation von Talenten führen dazu, dass eine Vielzahl an Organisationen die Notwendigkeit erkennt, ihre Systeme und Instrumente des Personalmanagements weiterzuentwickeln zu müssen. Die entscheidenden Fragen, die Organisationen in Bezug auf Arbeitgeberattraktivität zu beantworten versuchen, sind: ‚Warum soll sich ein Bewerber für unser Unternehmen entscheiden?‘ und ‚Warum soll er bleiben?‘[1]

1.1 Problemstellung und Ausgangssituation

Vor dem Hintergrund des demographischen Wandels erfährt vor allem die neue Arbeitnehmergeneration ‚Generation Y‘ zunehmende Aufmerksamkeit in der Diskussion um Arbeitgeberattraktivität. Diese Generation wird den heutigen Arbeitsmarkt mittel- bis langfristig dominieren. Wird der derzeitigen personalwirtschaftlichen Debatte Glauben geschenkt, handelt es sich bei diesen nach 1980 Geborenen um eine Generation, die sich vor allem durch ihre „hohen Ansprüche"[2] gegenüber dem Arbeitgeber sowie der hohen Wechselbereitschaft auszeichnet und nicht mehr bereit ist, ihre Arbeitsleistung ein Leben lang einem einzigen Arbeitgeber zur Verfügung zu stellen.[3]

Viele Unternehmen verstehen sich jedoch weiterhin als Anbieter anstelle der Nachfrager. Dabei hat sich der Arbeitsmarkt von einem Verkäufermarkt in einen Käufermarkt gewandelt.[4] Lag die Herausforderung in früheren Zeiten darin, unter zahlreichen Bewerbungen den richtigen Kandidaten zu selektieren, so liegt sie heute in der

---

[1] Vgl. Enderle, K./ Furkel, D. (2008): Crossmedial und international, in: Personalmagazin Nr. 11/08, S. 61

[2] Parment, A. (2009): Die Generation Y – Mitarbeiter der Zukunft, S. 21

[3] Vgl. Enderle, K. (2008): Frech, frei, fordernd, in: Personalmagazin Nr. 12/08, S. 12

[4] Vgl. Beck, C. et al. (2010): Detektive bei der Sucharbeit, in: Personalwirtschaft Sonderheft Nr. 12/2010, S. 8

Gewinnung von fähigen Bewerbern. Gerade in Schlüssel- und Engpassfunktionen entscheidet nicht mehr der Arbeitgeber über die Einstellung eines qualifizierten Bewerbers, sondern der Kandidat hat die Auswahl, welches Angebot er annehmen möchte.[5]

Vor diesem Hintergrund wird die Forderung von Unternehmerseite in Bezug auf ihre Personalaktivitäten laut, sich auf die aktuelle Arbeitsmarktlage einzustellen. „Employer Branding und Recruiting-Kampagnen seien aber nur dann erfolgreich, wenn sie auf den jeweiligen Bedarf [...] und die Zielgruppe zugeschnitten sind."[6] Im Folgenden soll daher mittels existierender wissenschaftlicher Befunde und einer spezifisch entworfenen empirischen Untersuchung der Frage nachgegangen werden, ob sich Unterschiede bezüglich der Einstellung zur Arbeitgeberattraktivität sowie dem Wunschprofil eines Arbeitgebers zwischen Generation Y und den Vorgängergenerationen nachweisen lassen, die eine entsprechende Neuausrichtung der Personalarbeit begründen.[7]

1.2 Ziel der Arbeit und Abgrenzung des Untersuchungsfeldes

Ziel der Arbeit ist es, zunächst den Begriff Arbeitgeberattraktivität und seine Teilbereiche vorzustellen, zu definieren und kritisch zu würdigen. Insbesondere findet hierbei Berücksichtigung, inwieweit sich die Präferenzen hinsichtlich der Arbeitgeberattraktivität und somit des ‚Employers of Choice' in Abhängigkeit der Arbeitnehmergenerationen unterscheiden.

Es soll, unter Bezugnahme auf bisherige Studien, die einschlägige personalwirtschaftliche Literatur sowie die Praxis diskutiert werden, welche die ausschlaggebenden Kriterien für Arbeitgeberattraktivität sind. Weiterhin wird versucht herauszuarbeiten, ob diese Studien zu Arbeitgeberattraktivität die Anforderungen und Bedürfnisse der Generation Y hinsichtlich der Arbeitgeberwahl in ausreichendem Maße berück-

---

[5] Vgl. Trost, A. (2009): Employer Branding, in: Trost, A. (Hrsg.): Employer Branding – Arbeitgeber positionieren und präsentieren, S. 13

[6] Beck, C. et al. (2010): Detektive bei der Sucharbeit, in: Personalwirtschaft Sonderheft Nr. 12/2010, S. 9

[7] Vgl. Biemann, T./ Weckmüller, H. (2013): Generation Y: Viel Lärm um fast nichts, in: Personal quarterly Nr. 01/13, S. 46

sichtigen oder ob es gegebenenfalls (ggf.) für die Erfassung notwendig ist, weitere Dimensionen in die Befragungen miteinzubeziehen. Vor dem Hintergrund des demographischen Wandels und des resultierenden Fachkräftemangels soll in Form einer empirischen Studie untersucht werden, wie es einem Unternehmen strategisch, inhaltlich und methodisch gelingen kann, seine Attraktivität zu erhöhen sowie sein Personalmanagement hinsichtlich der Generation Y zu verbessern und sich somit als Arbeitgeber der Wahl zu positionieren. Dabei konzentriert sich die Arbeit auf die allgemeinen Möglichkeiten der Erhöhung der Arbeitgeberattraktivität in Bezug auf die Generation Y. Die Positionierung als Arbeitgebermarke und die zielgruppengerechte Kommunikation werden in dieser Arbeit nur am Rande thematisiert.

Den oben dargelegten Ausführungen entsprechend soll die vorliegende Arbeit die folgenden zentralen Forschungsfragen beantworten:

- Was ist Arbeitgeberattraktivität aus Sicht der Generationen, die es zu umwerben gilt?
- Welches Wunschprofil weist ein ‚Employer of Choice' der Generation Y auf?
- Besteht zwischen den verschiedenen Arbeitnehmergenerationen ein Unterschied hinsichtlich ihrer berufsbezogenen Bedürfnisse, welcher eine zielgruppenspezifische Ausrichtung des Personalmanagements rechtfertigt oder nicht?

Die aus der Onlinebefragung generierten Ergebnisse dienen als Grundlage für die Ableitung von Handlungsempfehlungen zur Erhöhung der Arbeitgeberattraktivität und eines entsprechend generationsgerechten Personalmanagements hinsichtlich Mitarbeitergewinnung, -bindung und -entwicklung von Young Professionals und High Potentials der Generation Y. Die vorliegende Arbeit versucht insofern einen Mehrwert zu schaffen, indem sie überprüft, ob die vielfach geäußerte Forderung nach generationsspezifischer Zielgruppenansprache in Bezug auf das Personalmanagement gerechtfertigt ist oder nicht.

1.3   Aufbau der Arbeit

Die Struktur der Arbeit folgt der Frage, welche Kriterien ein Unternehmen heutzutage erfüllen muss, um dem Image eines attraktiven Arbeitgebers gerecht zu werden. Der Leser erhält nach einigen theoretischen Konzeptionen ein grundlegendes Verständnis der Thematik, sowie einen strukturierten Überblick der Anforderungen, die Arbeitnehmer in der heutigen Käufermarktsituation des Arbeitsmarktes an einen ‚Employer of Choice' stellen. Des Weiteren wird auf die Frage eingegangen, inwiefern sich diese Anforderungen innerhalb der verschiedenen Generationen unterscheiden.

Die vorliegende Arbeit gliedert sich in einen theoretischen und einen empirischen Teil und umfasst fünf Kapitel. Der theoretische Teil dient als Grundlage für die Erstellung von Hypothesen, die im empirischen Teil mittels Online Befragung verifiziert werden.

Nach der Einleitung und Problemstellung in *Kapitel eins* werden in *Kapitel zwei* grundlegende Aspekte der Arbeitgeberattraktivität erörtert, um daraufhin die verschiedenen Anforderungen an Unternehmen vor dem Hintergrund des demographischen Wandels vorzustellen. Anschließend wird der Frage nachgegangen, inwiefern sich diese Anforderungen, Präferenzen und Bedürfnisse innerhalb der verschiedenen Generationen unterscheiden. Besonderes Augenmerk wird hierbei auf die Generation Y gelegt.

In *Kapitel drei* erfolgen die Ableitung von Hypothesen und die Konzeption einer Online Befragung. Die Auswertung der auf diese Weise gewonnenen empirischen Daten soll auf bedeutsame Kriterien für Arbeitgeberattraktivität schließen lassen und die Verifikation der Hypothesen ermöglichen, die Erkenntnisse zur Rechtfertigung einer zielgruppenspezifischen Ansprache hinsichtlich der Mitarbeitergewinnung, -bindung und -entwicklung zu geben versuchen.

Kapitel vier stellt die Ergebnisse der empirischen Untersuchung vor und geht spezifisch auf die Anforderungen ein, die die Generation Y an einen ‚Employer of Choice' stellt. Signifikante Unterschiede hinsichtlich berufsbezogener Bedürfnisse der Generationen werden anhand deskriptiver Statistiken dargestellt und mittels inferenzstatistischer Analysen verdeutlicht.

In *Kapitel fünf* erfolgen die Interpretation der Forschungsergebnisse sowie die Zusammenfassung zentraler Erkenntnisse in einer Schlussbetrachtung. Außerdem werden die Gütekriterien der durchgeführten Untersuchung betrachtet und entsprechende Handlungsempfehlungen für ein generationsgerechtes Personalmanagement in Bezug auf die Generation Y abgeleitet.

Die nachfolgende Abbildung verdeutlicht den soeben geschilderten Aufbau der vorliegenden Arbeit noch einmal übersichtlich:

Kapitel 1: Einführung

Inhalt: Einführende Bemerkungen zum Thema Arbeitgeberattraktivität und Generation Y, Vorstellung der zentralen Problemstellung und Aufbau der Arbeit.

Ziel: Darlegung der verschiedenen Herausforderungen des Personalmanagements im demographischen Wandel und der Relevanz des Forschungsthemas.

↓

Kapitel 2: Theoretische Grundlagen

Inhalt: Begriffliche Einordnung und theoretische Grundlagen zum demographischen Wandel, zu hochqualifizierten Fachkräften und den verschiedenen Arbeitnehmergenerationen.

Charakterisierung des modernen Personalmanagements und ausgewählter personalpolitischer Instrumente sowie Vorstellung differenzierter Arbeitgeberattraktivitätsfaktoren.

Ziel: Vermittlung theoretischer Grundlagen und Erläuterung spezifischer Charakteristika von Arbeitnehmergenerationen, insbesondere der Generation Y.

Schaffung eines Verständnisses für die Ursachen der Differenziertheit von Attraktivitätsfaktoren in Abhängigkeit der Generationen und entsprechende Anforderungen an einen ‚Employer of Choice'.

↓

Kapitel 3: Methode & Vorgehen der empirischen Befragung

Inhalt: Konzeption einer Online Befragung zu Arbeitgeberattraktivitätsfaktoren der Generation Y und Anforderungen an einen Employer of Choice.

Ziel: Darstellung der Vorgehensweise zur Operationalisierung der Attraktivitätsfaktoren, Aufstellung von Hypothesen zu Arbeitgeberattraktivitätsfaktoren der Generation Y.

↓

Kapitel 4: Ergebnisse der empirischen Untersuchung – Wunschprofil potenzieller Bewerber

Inhalt: Darstellung der empirischen Ergebnisse der Untersuchung zu berufsbezogenen Bedürfnissen und Arbeitgeberattraktivitätsfaktoren der Generation Y.

Ziel: Aufzeigen signifikanter Unterschiede der verschiedenen Arbeitnehmergenerationen durch empirische Daten, welche mittels Online-Befragung erhoben worden sind.

Überprüfung der Hypothesen anhand empirischer Daten.

↓

Kapitel 5: Diskussion und Grenzen der Untersuchung

Inhalt: Zusammenfassung der Forschungsergebnisse und Schlussbetrachtung, sowie kritische Auseinandersetzung mit den Gütekriterien der Untersuchung.

Ziel: Aufzeigen der zentralen Erkenntnisse der Master-Thesis.

Abbildung 1: Struktur und Aufbau der Arbeit

2 Theoretische Grundlagen

In diesem Kapitel werden der Begriff demographischer Wandel und seine Auswirkungen auf den Arbeitsmarkt sowie das Personalmanagement erläutert. Im weiteren Verlauf werden die verschiedenen Generationsbilder im Arbeitsleben vorgestellt und deren Werte und Bedürfnisse näher charakterisiert. Besondere Beachtung findet hierbei die Generation Y. Ferner werden die Möglichkeiten gezielten Personalmanagements zur Steigerung der Arbeitgeberattraktivität dargestellt und deren Einflussfaktoren beschrieben.

2.1 Demographischer Wandel und seine Implikationen für das Personalmanagement

Die demographischen Veränderungen, die die gesellschaftlichen Diskussionen seit geraumer Zeit maßgeblich bestimmen, sind häufig und hinlänglich beschrieben. Den Prognosen einiger Arbeitsmarktexperten zufolge, sehen sich Unternehmen mit „ergrauenden Belegschaften"[8] und rückläufigem Erwerbspersonenpotenzial konfrontiert, was wiederum negative Auswirkungen auf die Fachkräfteverfügbarkeit in Teilbereichen des Arbeitsmarktes nach sich zieht. Erweisen sich die Prognosen als zutreffend, gilt es für Unternehmen, sich kurz Theoretische Grundlagenund mittelfristig den Herausforderungen einer veränderten Belegschaft (u.a. stark altersgemischte Teams, ein höherer Frauenanteil, eine größere Anzahl an Migranten) zu stellen und Anpassungsstrategien zu entwickeln, um im „War for Talents"[9] zu bestehen und somit ihren Personalbedarf weiterhin quantitativ als auch qualitativ decken zu können.[10]

---

[8] Länge, T. W./ Menke, B. (Hrsg.) (2007): Generation 40 plus - Demographischer Wandel und Anforderungen an die Arbeitswelt, S. 7

[9] Vgl. Karriere.de Handelsblatt GmbH (24. Mai 2013),   http://www.karriere.de/berufseinstieg/war-for-talents-arbeitgeber-suchen-qualifizierten-nachwuchs-6684/

[10] Vgl. Bullinger, H./ Buck, H. (2007): Demografie betrifft alle. Handlungsoptionen für älter werdende Unternehmen, in: Happe, G. (Hrsg.): Demografischer Wandel in der unternehmerischen Praxis. Mit Best-Practice-Berichten, S.16

2.1.1 Die demographische Entwicklung in Deutschland

Die aktuellsten Zahlen des statistischen Bundesamtes zur demographischen Entwicklung verdeutlichen die drastischen Veränderungen der Bevölkerungsstruktur in Deutschland.[11] Seit nahezu vier Jahrzehnten reicht die Anzahl der Neugeborenen nicht aus, um die Elterngeneration zu ersetzen. Die Geburtenanzahl lag im Bundesdurchschnitt im Jahr 2008 bei 1,38 Kindern und damit weit unter dem Bestanderhaltungsniveau von 2,1 Kindern je Frau. Weiterhin nimmt die Lebenserwartung in Deutschland kontinuierlich zu.[12] Berechnungen bestätigen eine Schrumpfung sowie Alterung der Erwerbsbevölkerung bedingt durch den Geburtenrückgang und den Anstieg der Lebenserwartung, der sich deutlich auf das Erwerbspersonenpotenzial auswirken wird.[13] Folglich kann antizipiert werden, dass sich der Handlungsspielraum in der Personalbeschaffung sowie im Erhalt von Unternehmen maßgeblich ändern wird.[14]

Die dargelegte Entwicklung der Gesamtbevölkerung, einerseits durch den Rückgang der Bevölkerung im erwerbsfähigen Alter, andererseits durch den gleichzeitigen Anstieg der älteren Bevölkerungsgruppen, verursacht eine deutliche Verschiebung der Bevölkerungspyramide, die in der nachfolgenden Abbildung verdeutlicht wird:[15]

---

[11] Schon seit Mitte der 1960er Jahre werden neben den laufenden Bevölkerungsstatistiken auch Bevölkerungsvorausberechnungen durch die amtliche Statistik erstellt, die die demographischen Veränderungen in Deutschland darzulegen versuchen. Diese Berechnungen werden in Abstimmung mit Bund und Ländern angestellt und zeigen auf Basis von plausiblen Annahmen zur Geburtenentwicklung, Lebenserwartung und Wanderungsbewegungen Szenarien zur Bevölkerungsentwicklung auf. Vgl. hierzu Statistische Ämter des Bundes und der Länder (Hrsg.) (2011): Demographischer Wandel in Deutschland. Heft 1. Bevölkerungs- und Haushaltsentwicklung im Bund und in den Ländern, Ausgabe 2011, S. 3

[12] Vgl. a.a.O., S. 11

[13] Zum Kreis der Erwerbsbevölkerung zählen alle in einer Volkswirtschaft lebenden erwerbsfähigen Personen, die berufstätig sind oder eine Arbeit suchen, als auch Personen in Aus- und Weiterbildung sowie Studenten. Vgl. hierzu Rechnungswesen verstehen (2. April 2013), http://www.rechnungswesen-verstehen.de/lexikon/erwerbsbevoelkerung.php

[14] Vgl. Schleiter, A./ Armutat, S. (2004): Was Arbeitgeber attraktiv macht?, in: Deutsche Gesellschaft für Personalführung e.V. (DGFP): Praxis Papiere Ausgabe 4/2004, S. 4

[15] Vgl. Bollwitt, B. (2010): Herausforderung demographischer Wandel, S. 15

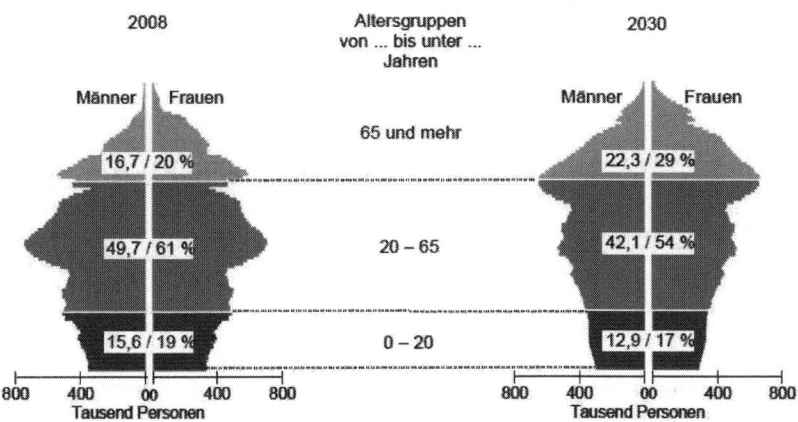

Abbildung 2: Altersaufbau in Deutschland 2008 und 2030, Bevölkerung nach Altersgruppen in Mio./ in Prozent der Gesamtbevölkerung[16]

2.1.2 Auswirkungen des demographischen Wandels auf den Arbeitsmarkt

Nach der Überwindung der internationalen Finanz- und Wirtschaftskrise wächst die deutsche Wirtschaft wieder. Sowohl Export- als auch Binnennachfrage steigen und führen zu einer wachsenden Nachfrage an Fachkräften.[17] Mit diesen positiven konjunkturellen Entwicklungen und der weniger angespannten Lage auf dem Arbeitsmarkt wird gleichzeitig erneut die Verfügbarkeit von Fachkräften diskutiert. „Dabei wird die Frage des Fachkräftebedarfs häufig auf ein Problem des Fachkräftemangels verkürzt und dieser so verallgemeinert, als sei ein genereller, betriebs- und branchenübergreifender Fachkräftemangel vorhanden."[18]

---

[16] Quelle: Statistische Ämter des Bundes und der Länder (Hrsg.) (2011): Demographischer Wandel in Deutschland. Heft 1. Bevölkerungs- und Haushaltsentwicklung im Bund und in den Ländern, Ausgabe 2011, S. 24

[17] Bechmann, S. et al. (2012): Fachkräfte und unbesetzte Stellen in einer alternden Gesellschaft, in: Institut für Arbeitsmarkt- und Berufsforschung (Hrsg.): IAB-Forschungsbericht 13/2012, S. 15.

[18] Fischer, G. et al. (2008): Langfristig handeln, Mangel vermeiden: Betriebliche Strategien zur Deckung des Fachkräftebedarfs, in: Institut für Arbeitsmarkt- und Berufsforschung (Hrsg.) IAB-Forschungsbericht 3/2008, S. 33

Die Fragestellung des Fachkräftebedarfs wird inzwischen auch seit mehr als zehn Jahren in den IAB-Betriebspanels[19] aufgegriffen. Den Ergebnissen zufolge kann ein flächendeckender Fachkräftemangel bisher zwar nicht bestätigt werden, jedoch gibt es bereits zahlreiche Unternehmen, die Fachkräftepositionen nicht, nur verspätet oder unzulänglich besetzen können.[20]

Diese Erkenntnisse werden ebenfalls durch eine im Jahr 2010 durchgeführte Studie des IFOK-Instituts bestätigt, in der die Mehrheit der untersuchten Unternehmen bereits die spürbaren Auswirkungen des Fachkräftemangels beklagt. Der Studie zufolge wird vor allem für Unternehmen ab mittlerer Größe die Fachkräftegewinnung den Ausschlag über die Zukunftsfähigkeit geben, da mit steigender Unternehmensgröße auch der Innovationsdruck steigt.[21]

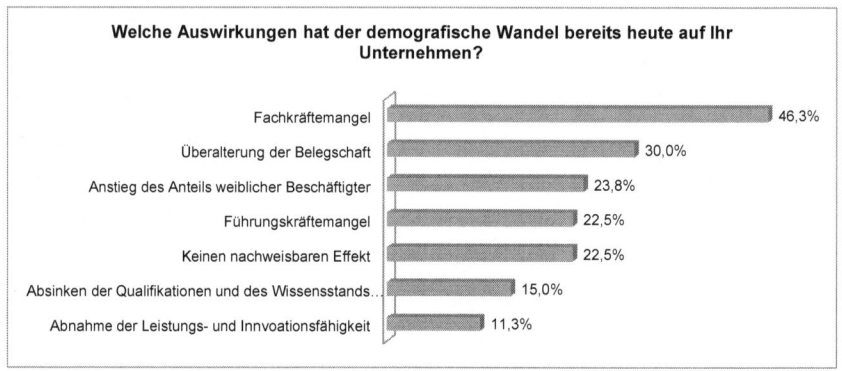

Abbildung 3: Demographischer Wandel - Auswirkungen auf Unternehmen[22]

---

[19]   Das IAB-Betriebspanel ist eine repräsentative Arbeitgeberbefragung zu betrieblichen Bestim-
       mungsgrößen der Beschäftigung unter knapp 16.000 Betrieben, die jährlich vom Institut für Ar-
       beitsmarkt- und Berufsforschung durchgeführt wird. Siehe hierzu Institut für Arbeitsmarkt-
       und Berufsforschung (24. Mai 2013), http://www.iab.de/de/erhebungen/iab-betriebspanel.aspx/
[20]   Vgl. Fischer, G. et al. (2008): Langfristig handeln, Mangel vermeiden: Betriebliche Strategien zur
       Deckung des Fachkräftebedarfs, in: Institut für Arbeitsmarkt- und Berufsforschung (Hrsg.) IAB-
       Forschungsbericht 3/2008, S. 33
[21]   In der Studie wurden 1.900 Unternehmen vom Kleinunternehmen bis hin zum ‚Global Player' zu
       den bereits wahrgenommenen Auswirkungen des demographischen Wandels befragt. Sie-
       he hierzu IFOK (Institut für Organisationskommunikation) (30. März 2013),
       http://www.ifok.de/studie
[22]   Quelle: IFOK (Institut für Organisationskommunikation) (30. März 2013), http://www.ifok.de/studie

Durch die oben beschriebenen Entwicklungen lässt sich prognostizieren, dass sich vor allem der Wettbewerb um hochqualifizierte Fach- und Führungskräfte in den kommenden Jahrzehnten verschärfen wird, da die demographischen Veränderungen weiterhin sukzessive zu einer schwindenden Zahl von Hochschulabsolventen und Berufsanfängern führen. Das Angebot junger, qualifizierter Nachwuchskräfte, sog. Young Professionals, wird folglich immer geringer, während zur selben Zeit viele Erwerbstätige immer früher aus dem Arbeitsleben ausscheiden.[23] Zwar kann gegenwärtig noch nicht von einem allgemeinen Fachkräftemangel gesprochen werden, jedoch zeichnen sich entsprechende Tendenzen und Ungleichverteilungen bereits in einigen spezifischen Teilarbeitsmärkten ab. Vor allem in den wissensintensiven „MINT"-Bereichen[24] kann in mancher Hinsicht schon eine Verknappung bei Fachkräften mit mittleren und höheren Qualifikationen beobachtet werden.[25]

Laut einem im Jahr 2012 publizierten Forschungsbericht des IAB, erwartet die Mehrheit der befragten Betriebe für die nähere Zukunft noch keine offenen Fachkräftestellen, so dass derzeit die Diskussion um den Fachkräftemangel faktisch nur eine Minderheit betrifft. Mit besonderen Problemen bei der Fachkräftebesetzung rechnen neben den MINT-Bereichen vor allem die Branchen personennaher Dienstleistungen, wie bspw. Gesundheits- und Sozialwesen, Erziehung und Unterricht sowie Beherbergung und Gastronomie. Die Schaffung von attraktiven Arbeitsbedingungen, um dem Problem von nicht besetzten Fachkräftestellen zu begegnen, steht dabei in fast allen Branchen ganz oben auf der Agenda.[26]

2.1.3 Erklärungsversuche für die Verknappung gesuchter Qualifikationen

Da sich der demographische Wandel erst in 10 bis 20 Jahren deutlich bemerkbar machen wird, kann dieser aktuell nicht alleine der Grund für den vielumschriebenen Fachkräftemangel sein. Obwohl Unternehmen zweifelsohne gut daran tun, sich früh-

---

[23] Vgl. Schleiter, A./ Armutät, S. (2004): Was Arbeitgeber attraktiv macht?, in: Deutsche Gesellschaft für Personalführung e.V. (DGFP): Praxis Papiere Ausgabe 4/2004, S. 4

[24] MINT-Bereiche stehen für Mathematik, Informatik, Naturwissenschaften und Technik. Vgl. hierzu Arnold, H. (2012): Personal gewinnen mit Social Media, S. 9

[25] Vgl. Schleiter, A./ Armutat, S. (2004): Was Arbeitgeber attraktiv macht?, in: Deutsche Gesellschaft für Personalführung e.V. (DGFP): Praxis Papiere Ausgabe 4/2004, S. 4

[26] Vgl. Bechmann, S. et al. (2012): Fachkräfte und unbesetzte Stellen in einer alternden Gesellschaft, in: Institut für Arbeitsmarkt- und Berufsforschung (Hrsg.): IAB-Forschungsbericht 13/2012, S. 8

zeitig auf die demographischen Entwicklungen einzustellen, ist sie nicht ausschließlich Ursache der derzeitigen Verknappung gesuchter Qualifikationen.[27]

Tatsächlich veränderte sich die Erwerbsbevölkerung in den Jahren von 1991 bis 2010 nur sehr gering und fiel von 55,1 Mio. auf 54,0 Mio. Der Anteil der jüngeren Bevölkerung von 15-39 Jahren an der Gesamtbevölkerung sank zwar von 53,7 Prozent auf 44,3 Prozent, was in absoluten Zahlen einem Rückgang von 5,7 Mio. Personen gleicht, gleichzeitig stieg der Anteil der älteren erwerbstätigen Bevölkerung jedoch von 46,3 Prozent auf 55,7 Prozent bzw. um 4,5 Mio. Personen.[28] Während sich die strukturellen Veränderungen innerhalb der Bevölkerung relativ deutlich bemerkbar machen und sich diese Entwicklungen auch in den nächsten Jahren noch weiter verstärken, bleibt die Erwerbsbevölkerung bis 2020 trotzdem in etwa gleich groß.[29]

Gemäß des IAB-Forschungsberichts sind Gründe, die die aktuelle Verknappung an qualifizierten Fachkräften teilweise erklären können, möglicherweise die mangelnde Ausschöpfung innerbetrieblicher Möglichkeiten zur Deckung des Fachkräftebedarfs wie bspw. Laufbahnentwicklungs- und Nachfolgeplanung sowie ein zu geringer Stellenwert der betrieblichen Aus-und Weiterbildung [30] Die Ergebnisse zeigen, dass der Erfolg der Besetzung von Fachkräftestellen neben externen Faktoren wie Unternehmensgröße und Branchen ebenfalls maßgeblich mit dem personalpolitischen Engagement der Unternehmen selbst zusammenhängt. Die Unternehmen, die gezielt personalpolitische Maßnahmen wie Aus- und Weiterbildung einsetzen oder Nachfolgeplanung vor dem Ausscheiden älterer Mitarbeiter verfolgen, erwarten seltener Schwierigkeiten bei der Besetzung von Stellen. Weiterhin zeigt sich, dass solche Unternehmen, die bereits Probleme bei der Besetzung von Fachkräften antizipieren, frühzeitig und vorausschauend innerbetriebliche Maßnahmen anwenden. So bilden über die Hälfte dieser Unternehmen aus, fördern Weiterbildungen oder kombinieren beide Möglichkeiten innerbetrieblicher Qualifizierung. Die Verbindung beider betrieb-

---

[27] Vgl. Arnold, H. (2012): Personal gewinnen mit Social Media, S. 10
[28] Vgl. Institut für Arbeitsmarkt- und Berufsforschung (IAB) der Bundesagentur für Arbeit (Hrsg.) (2012): Demographischer Wandel der letzten 20 Jahre, in: IAB-Kurzbericht 10/2012, S. 1
[29] Vgl. Arnold, H. (2012): Personal gewinnen mit Social Media, S. 10
[30] Vgl. Fischer, et al. (2008): Langfristig handeln, Mangel vermeiden: Betriebliche Strategien zur Deckung des Fachkräftebedarfs, in: Institut für Arbeitsmarkt- und Berufsforschung (Hrsg.) IAB-Forschungsbericht 3/2008, S. 59 ff.

licher Bildungsmaßnahmen korreliert mit der Qualifikationsstruktur der Beschäftigten.[31] Die nachfolgende Übersicht zeigt die Qualifikationsstruktur nach Branchen in Deutschland auf:

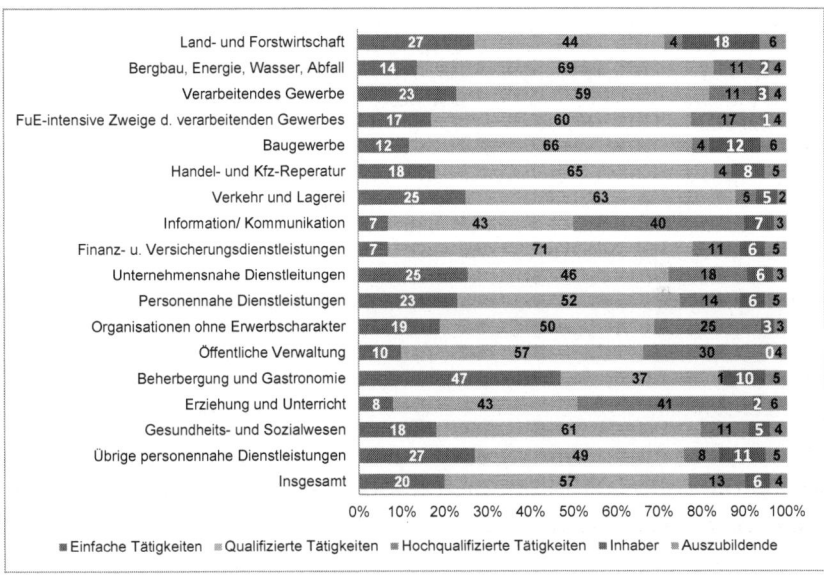

Abbildung 4: Qualifikationsstruktur nach Branchen (n= 15.283)[32]

Auch wenn die demographischen Effekte vorerst nur schleichend ihre Wirkung auf das Arbeitskräfteangebot zeigen, handelt es sich doch um eine unaufhaltsame Entwicklung. Wegen der hohen Bedeutung hochqualifizierter Fachkräfte für die unternehmerische Wettbewerbsfähigkeit und der zunehmenden Verknappung dieses Wettbewerbsfaktors kann es als zentrale personalpolitische Aufgabe angesehen werden, die Anstrengungen hinsichtlich Personalgewinnung, -bindung und -entwicklung zu erhöhen und somit die Arbeitgeberattraktivität des Unternehmens zu verbessern.[33] Aufgrund der beschriebenen Rahmenbedingung erscheint eine ziel-

---

[31] Vgl. Fischer, et al. (2008): Langfristig handeln, Mangel vermeiden: Betriebliche Strategien zur Deckung des Fachkräftebedarfs, in: Institut für Arbeitsmarkt- und Berufsforschung (Hrsg.) IAB-Forschungsbericht 3/2008, S. 81

[32] Quelle: Bechmann, S. et al. (2012): Fachkräfte und unbesetzte Stellen in einer alternden Gesellschaft, in: Institut für Arbeitsmarkt- und Berufsforschung (Hrsg.): IAB-Forschungsbericht 13/2012, S. 40

[33] Vgl. Bollwitt, B. (2010): Herausforderung demographischer Wandel, S. 23

gruppenspezifische Analyse der attraktivitätsbeeinflussenden Arbeitgebermerkmale als entscheidend, da vermutet wird, dass sich potenzielle Kandidaten hinsichtlich ihrer Interessen und Bedürfnisse unterscheiden und ein standardisiertes Leistungsangebot den spezifischen Anforderungen nicht gerecht werden kann.[34]

2.2 Generationsbilder im Arbeitsleben

Wie oben erwähnt, kann angenommen werden, dass Unternehmen, die gezielt personalpolitische Maßnahmen einsetzen, in der Besetzung von Fachkräftestellen erfolgreicher sind. Um folglich eine zielgruppenspezifische Segmentierung realisieren zu können, liegt die Vorgehensweise nahe, die Einordnung entsprechend der Bedürfnisse und Lebensweisen der Arbeitnehmergenerationen vorzunehmen.[35] Dieser Abschnitt widmet sich daher den verschiedenen Arbeitnehmergruppen und den unterschiedlichen generationsspezifischen Bedürfnissen, die es im Personalmanagement von Unternehmen zu berücksichtigen gilt. Um die personalpolitischen Maßnahmen wie bspw. die Mitarbeitergewinnung und -bindung zielführend auszurichten, ist es wichtig zu erkennen, wodurch sich die einzelnen Arbeitnehmergenerationen auszeichnen und worin es Unterschiede und Gemeinsamkeiten zu beachten gilt. Besondere Berücksichtigung findet in diesem Zusammenhang die Generation Y.

2.2.1 Arbeitnehmergenerationen und generationsspezifische Werte sowie Bedürfnisse im Überblick

In der Literatur herrschen ambivalente Ansichten bezüglich der altersbezogenen Kategorisierung von Generationen. Des Weiteren gibt es Autoren, die die Diskussion um die verschiedenen Arbeitnehmergenerationen gänzlich ablehnen und den Trend um generationsgerechte Personalarbeit in Frage stellen.[36] Dieser Tadel scheint nicht unberechtigt, vernachlässigt eine derartige Einstellung möglicherweise die fundamentale Diversität einzelner Generationen[37], denn „[...] Menschen sollten immer erst als Individuen angesehen werden und erst dann einer Generation zugehörig und

---

[34] Vgl. Bollwitt, B. (2010): Herausforderung demographischer Wandel, S. 48
[35] Vgl. Hauke Holste, J. (2012): Arbeitgeberattraktivität im demographischen Wandel, S. 17
[36] Vgl. ebenda
[37] Vgl. Schulmeister, R. (2010): Das Ende eines Mythos, in: Personalwirtschaft Nr. 09/ 2010, S. 27

nicht umgekehrt."[38] Innerhalb einer Generation existieren vermutlich ebenso viele Unterschiede wie zwischen Generationen. Für die Entwicklung eines aufrichtigen Verständnisses für eine Gruppe von Menschen sind Stereotypisierung und das Aufgreifen von Vorurteilen wenig hilfreiche Mechanismen. Deshalb ist es notwendig bei der folgenden Typisierung stets den vereinfachenden Charakter zu beachten.[39]

Die Praktikabilität der generationsgerechten Personalarbeit bedarf dennoch gewisser Kategorisierungen, die Orientierungshilfe bieten können, jedoch keine exakten Instrumente darstellen, um individuelles Verhalten zu verstehen.[40] Die vorliegende Arbeit konzentriert sich auf die in der Literatur geläufigste Unterteilung, in der gegenwärtig grob drei Generationen im Arbeitsleben differenziert werden können. Diese zeichnen sich durch unterschiedliche Bedürfnisse bezüglich ihres Arbeitgebers und differenzierte Verhaltensweisen bei der Suche nach neuen Herausforderungen aus.[41] Soziologisch wird der Begriff Generation als „Gesamtheit der Menschen ungefähr gleicher Altersstufe mit ähnlicher sozialer Orientierung und Lebensauffassung"[42] definiert. Demnach ist die Generationszugehörigkeit zwar ein wichtiger Ansatz, kann jedoch nicht ausschließliche Erklärungsgrundlage für differenziertes Denken und Handeln von Menschen sein, da Geschlecht, geografische Herkunft, sozioökonomischer Hintergrund oder Familienstrukturen ebenso bedeutende Einflussfaktoren darstellen. Auf aggregierter Ebene ist Generationszugehörigkeit jedoch in einer Vielzahl von Studien eine wichtige Dimension, um Verhalten zu prognostizieren.[43]

Den eben dargelegten Ausführungen entsprechend ist die nachfolgende Charakterisierung der einzelnen Generationen stark verallgemeinernd und kann im Einzelfall deutlich abweichen:

---

[38] Hauke Holste, J. (2012): Arbeitgeberattraktivität im demographischen Wandel, S. 17
[39] Vgl. Deutsche Gesellschaft für Personalführung e.V. (Hrsg.) (2011): Zwischen Anspruch und Wirklichkeit: Generation Y finden, fördern und binden, S. 10
[40] Vgl. Klaffke, M./ Parment, A. (2011): Herausforderungen und Handlungsansätze für das Personalmanagement von Millenials, in: Klaffke, M. (Hrsg.): Personalmanagement von Millenials, S. 6
[41] Vgl. Arnold, H. (2012): Personal gewinnen mit Social Media. Die besten Strategien und Instrumente für Ihr Bewerbermarketing im Web 2.0, S. 17
[42] Duden online (9. April 2013), http://www.duden.de/rechtschreibung/Generation
[43] Vgl. Klaffke, M./ Parment, A. (2011): Herausforderungen und Handlungsansätze für das Personalmanagement von Millenials, in: Klaffke, M. (Hrsg.): Personalmanagement von Millenials, S. 6

	Baby Boomer	Generation X	Generation Y
Geboren:	1946-1964	1965-1979 (auch Generation MTV, Schlüsselkinder Generation, Generation Golf)	1980-2000 (auch Millenials, Generation Next, Nexters, NetGeneration, Generation Nintendo, Netzwerkkinder, Trophy Kids, Generation Praktikum)
Generationseigenschaften:	Idealistisch, anspruchsvoll, durchsetzungsfähig, teamfähig, umweltbewusst, emanzipiert, konkurrenz- und konflikterprobt, interessiert an Selbstbestimmung und postmateriellen Werten	Individualismus, materielle Werte, karriereorientiert, pragmatisch, rational, weniger loyal	Tolerant, lernbereit, sehr technologieaffin, aufgeschlossen, flexibel, mobil, anspruchsvoll
Lebensphase:	Langsamer Eintritt in die zweite Lebenshälfte, teilweise noch größter Teil der Elterngeneration, erste ‚Lebensbilanz‘, auf dem Höhepunkt des Berufslebens	Mittlere Lebensphase, im Beruf etabliert, bereits Kinder bzw. baldige Familienplanung	Beginnende Etablierung im Berufsleben, Unabhängigkeit nach Verlassen des Elternhauses und vor eigener Familiengründung
Alterungseffekte:	Erste Rückgänge der körperlichen und geistigen Leistungsfähigkeit, jedoch stark vom Individuum abhängig und durch Leistungsbereitschaft und Erfahrung ausgleichbar	Keine Rückgänge der Leistungsfähigkeit und im besten Erwerbsalter, leistungsfähig und von Kompetenz überzeugt	Körperlich und geistig sehr gute Leistungsfähigkeit, hohe Lernfähigkeit bei niedrigem Erfahrungsschatz
Zentrale Entscheidungskriterien für einen Arbeitgeber:	Längerfristige Perspektive, eventuell bis zur Pensionierung, Sicherheit und Stabilität des Unternehmens, Sozialleistungen, Wertschätzung der Erfahrung, eventuell Teilzeitmodelle oder geringere Arbeitsbelastung (ohne Einbußen des Ansehens)	Karrieresprung durch Stellenwechsel, Entwicklungsmöglichkeiten im Unternehmen, soziales Ansehen der Stelle/ Aufgabe, Anerkennung von Leistung, Lohn und Sozialleistungen, flexible Arbeitszeit- oder Teilzeitmodelle (insbesondere bei Eltern)	Spaß an der Arbeit, Begeisterung für Produkte, herausfordernde Aufgaben, Arbeitsmarktchancen, Qualität der Produkte, Identifikation mit Mitarbeitern, Weiterbildungsmöglichkeiten
Meist genutzte Informationskanäle bei der Stellensuche:	Zeitungsinserate (höherstehende oder fachspezifische Publikationen), persönliches Netzwerk (Kollegen, Arbeitsbeziehungen, Kunden, Lieferanten, Wettbewerber), direktansprechende Personalberatungen (Executive Search, fachlich spezialisierte Vermittler, Outplacement Berater)	Jobplattformen mit elektronischen Inseraten, elektronische Benachrichtigung über neue Stellenausschreibungen (‚Job-Abo‘), Platzieren des Lebenslaufs bei Personalberatungen, ‚Gefunden werden‘ auf Plattformen wie Xing, LinkedIn	Image oder Produkte von bekannten Firmen, Erfahrungen und Empfehlungen von Kollegen/ Freunden, zufällige Informationen in Gesprächen, Berichten, Erzählungen, Erwähnen in sozialen Netzwerken, Werbung an Orten, an denen sie sich ‚aufhalten‘
Schwächen:	Technologiefremd, altbacken, harmoniesüchtig, kritikempfindlich	Skeptisch, nörgelnd, ungeduldig, durchsetzungsschwach	Unausgeglichen, sprunghaft, feedbacksüchtig, sehr betreuungsintensiv
Autoritäten:	Akzeptieren Regeln, Autoritäten	Stellen Autoritäten offen in Frage, skeptisch	Erkennen nur solche Autoritäten an, die sich ihren Respekt verdient haben
Feedback und Belohnung:	Feedback ist nicht so wichtig (mitunter störend), Geld oder Titel (Statussymbole)	Sind an Feedback interessiert, Freiheit wichtiger als Geld/ Titel	Feedback ist essentiell und am besten auf Knopfdruck, erfüllende und anspruchsvolle Arbeitsaufgabe
Vereinbarkeit von Berufs- Privat- und Familienleben:	Wenig Balance, Arbeit als Leben	Möchten Balance	Vermischen Privat- und Berufsleben
Prägende Erfahrung:	Mondlandung, Frauenbewegung, Woodstock	Kalter Krieg, Fall der Berliner Mauer, Beginn der Massenmedien (MTV), Aids	Beginn des Informationszeitalters, Google/ Facebook, „War on Terror"/ Irak-Krieg, steigende Öl- und Lebensmittelpreise
Technische Innovation:	PC	Handy	Google/ Facebook

Abbildung 5: Übersicht über die relevanten Generationsmerkmale[44]

---

[44]   Quelle: Eigene Synopse aus Hennig, R. (2012): Hotellerie und Generation Y, S. 26 ff., Hauke Holste, J. (2012): Arbeitgeberattraktivität im demographischen Wandel, S. 22 ff., Deutsche Gesellschaft für Personalführung e.V. (Hrsg.) (2011): Zwischen Anspruch und Wirklichkeit: Generation Y finden,

2.2.2 Ein- und Abgrenzung der Generation Y

Abgesehen von der Generation Y finden sich in Unternehmen heutzutage vor allem die Generation der Baby Boomer sowie die Generation X. Da die beiden letzteren diejenigen sind, die gegenwärtig die Generation Y führen, werden sie im Folgenden kurz skizziert – wohl wissend, dass hiermit dem Erleben und Erwarten ganzer Gruppen und Individuen nicht gerecht zu werden ist.[45]

2.2.2.1 Baby Boomers

Die Generation der Baby Boomer ist in etwa zwischen 1946 und 1965 geboren und heute somit zwischen 48 und 67 Jahre alt.[46] Die Generation der Baby Boomer ist in der Nachkriegszeit aufgewachsen, die bis zur Verbesserung der wirtschaftlichen Situation politisch durch eine tendenzielle Linksorientierung sowie vornehmlich von Warenknappheit gekennzeichnet war.[47] Der Name ist durch den hohen Anstieg der Geburtenrate nach dem Zweiten Weltkrieg zurückzuführen, der durch den sog. Pillenknick[48] beendet wurde. Leistungsorientierung, Beständigkeit und hoher Berufsbezug charakterisieren diese Generation.[49] Die Babyboomer haben gelernt, sich durch überdurchschnittliche Leistungsfähigkeit die Voraussetzungen für einen sicheren Arbeitsplatz zu ebnen und prägten somit den Ausspruch: „Thank god it's monday"[50] und die 60-Stunden-Arbeitswoche.[51] Diese Gruppe an Arbeitnehmern verfügt über die geringste Wechselneigung in Bezug auf die Arbeitsstelle und begibt sich zumeist nur dann auf Stellensuche, wenn die Umstände es erfordern.

---

fördern und binden, S.10 ff. und Zemke, R./ Raines, C./ Filipczak, B. (2000): Generations at work. Managing the clash of Veterans, Boomers; Xers and Nexters in your workplace, S. 20 ff.

[45] Vgl. Deutsche Gesellschaft für Personalführung e.V. (Hrsg.) (2011): Zwischen Anspruch und Wirklichkeit: Generation Y finden, fördern und binden, S. 8

[46] Vgl. Arnold, H. (2012): Personal gewinnen mit Social Media. Die besten Strategien und Instrumente für Ihr Bewerbermarketing im Web 2.0, S. 17

[47] Vgl. Parment, A. (2009): Die Generation Y. Mitarbeiter der Zukunft, S. 22

[48] Pillenknick ist im allgemeinen Sprachgebrauch die Bezeichnung für den starken Geburtenrückgang in der Bundesrepublik Deutschland ab Mitte der sechziger Jahre des 20. Jahrhunderts, womit auf einen Zusammenhang hinsichtlich der zunehmenden Verbreitung der 1960 eingeführten Antibabypille angespielt wird. Siehe hierzu Enzyklo Enzyklopädie Online (11. April 2013), http://www.enzyklo.de/Begriff/Pillenknick

[49] Vgl. Hauke Holste, J. (2012): Arbeitgeberattraktivität im demographischen Wandel, S. 22

[50] Zemke, R./ Raines, C./ Filipczak, B. (2000): Generations at work. Managing the clash of Veterans, Boomers; Xers and Nexters in your workplace, S. 21

[51] Vgl. ebenda

2.2.2.2 Generation X

Der Name Generation X ist von dem gleichnamigen Roman des Kanadiers Douglas Coupland abgeleitet. [52] Angehörige dieser Generation befinden sich aktuell im mittleren Erwerbsalter und erfahren nach teilweise steilen Einstiegskarrieren nun im Zuge der ‚New Economy' die Gefahren der Arbeitslosigkeit.[53] Sie sind in ihrem Produktivitätshoch, welches auf Wissen, Erlerntem und Erfahrung basiert und nutzen Stellenwechsel gezielt für Karrieresprünge, die außerhalb der Unternehmen häufig leichter zu bewerkstelligen sind.[54] Die Entscheidung für eine eigne Familie wurde oftmals gegen die Verlängerung der Unabhängigkeit eingetauscht, was mittlerweile jedoch wegen eines Gefühls des privaten Nachholbedarfs geändert wurde.[55] Sie verfügen über klare Vorstellungen hinsichtlich Balance in ihrem Leben und vertreten die Einstellung: „Work is work. And they work to live, not live to work."[56]

2.2.3 Charakterisierung der Generation Y

Die Kohorte[57] der zwischen 1980 und 2000 Geborenen wird im Allgemeinen als die Generation Y bezeichnet. In der Literatur finden sich bezüglich der Einteilung der Geburtsjahre verschiedene Hinweise. So gibt es Autoren, die die Zeitspanne etwas früher ansetzen und einige, die den Startjahrgang etwas später definieren.[58] Des Weiteren wird von manchen Autoren teilweise bereits im engeren Sinne zwischen der Generation Y (geboren zwischen 1978 und 1990) und der Generation Z (geboren

---

[52] Der gleichnamige Roman trägt den Titel: „Generation X: Tales for an accelerated Culture" und erschien 1991 erstmalig im Buchhandel.

[53] Vgl. Hennig, R. (2012): Hotellerie und Generation Y, S. 30

[54] Vgl. Arnold, H. (2012): Personal gewinnen mit Social Media. Die besten Strategien und Instrumente für Ihr Bewerbermarketing im Web 2.0, S. 19

[55] Vgl. Hennig, R. (2012): Hotellerie und Generation Y, S. 30

[56] Zemke, R./ Raines, C./ Filipczak, B. (2000): Generations at work. Managing the clash of Veterans, Boomers; Xers and Nexters in your workplace, S. 21

[57] Der Begriff Kohorte fasst Menschen zusammen, die innerhalb der gleichen Zeitspanne geboren sind und gemeinsame Lebenserfahrungen der Zeit, ihre Umstände und Ereignisse teilen. Vgl. Deutsche Gesellschaft für Personalführung e.V. (Hrsg.) (2011): Zwischen Anspruch und Wirklichkeit: Generation Y finden, fördern und binden, S. 8

[58] Vgl. hierzu Haufe online (11. April 2013), http://www.haufe.de/personal/hr-management/mitarbeitermotivation-generation-x-generation-y-unterschiede_80_168902.html sowie Arnold, H. (2012): Personal gewinnen mit Social Media. Die besten Strategien und Instrumente für Ihr Bewerbermarketing im Web 2.0, Hauke Holste, J. (2012): Arbeitgeberattraktivität im demographischen Wandel als auch Parment, A. (2009): Die Generation Y – Mitarbeiter der Zukunft, S. 21

zwischen 1991 und 2000) unterschieden.[59] Für den vorliegenden Kontext ist eine akkurate Eingrenzung der Jahresangaben weniger entscheidend, da sie sich nicht auf Kinder und Jugendliche der Generation Y fokussiert sondern auf die älteren Mitglieder jener Generation, die sich gerade auf das Arbeitsleben vorbereiten oder bereits seit einigen Jahren in der Berufswelt stehen.[60]

Zunächst wird versucht, die Generation Y anhand literaturgestützter Analyse näher zu beschreiben. Während diese Thematik in die deutsche Managementliteratur eher zögerlich Einzug hält, existieren im US-amerikanischen Raum bereits eine Vielzahl an Studien, die sich mit der Generation Y beschäftigen. Allerdings kommen nicht alle zu den gleichen Ergebnissen.[61] Etliche Charakteristika können jedoch als „typisch" bzw. speziell für diese Generation angesehen werden. Besonders berücksichtigt wurden hierbei gesellschaftliche und äußere Einflüsse sowie persönliche Hintergründe, von denen eine Auswirkung auf die Prägung während des Kindheitsalters angenommen werden kann. Die bedeutendsten Einflussgrößen sind in nachfolgender Abbildung zusammengefasst:

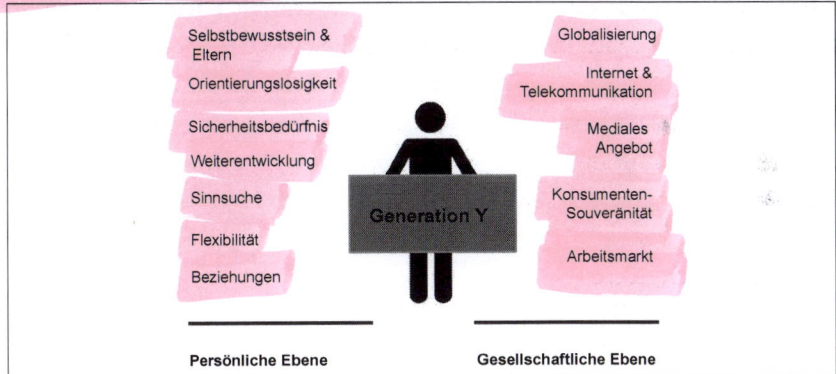

Abbildung 6: Einflussfaktoren auf die Charakteristika der Generation Y[62]

[59] Vgl. Deutsche Gesellschaft für Personalführung e.V. (Hrsg.) (2011): Zwischen Anspruch und Wirklichkeit: Generation Y finden, fördern und binden, S. 9
[60] Vgl. ebenda
[61] Vgl. Enderle, K. (2008): Frech, frei, fordernd, in: Personalmagazin Nr. 12/08, S. 12
[62] Quelle: Eigene Darstellung in Anlehnung an Hennig, R. (2012): Hotellerie und Generation Y, S. 36, Synopse aus Deutsche Gesellschaft für Personalführung e.V. (Hrsg.) (2011): Zwischen Anspruch und Wirklichkeit: Generation Y finden, fördern und binden, S.10 ff. und Klaffke, M./ Parment, A. (2011): Herausforderungen und Handlungsansätze für das Personalmanagement von Millenials, in: Klaffke, M. (Hrsg.): Personalmanagement von Millenials, S. 7 ff.

2.2.3.1 Persönliche Ebene

Im Folgenden sollen die Charaktereigenschaften der Generation Y aufgeführt werden, die maßgeblich im Zusammenhang mit inneren Werten und Erziehung stehen.

Selbstbewusstsein und Eltern

Zu den klassischen Charakteristika zählt das Selbstbewusstsein.[63] Mitglieder der Generation Y sind tendenziell Kinder reicher, nachgiebiger Eltern der Nachkriegsgene-
ration, die erstmals mit zwei Gehältern zum Haushaltseinkommen beitrugen und ihren Kindern in Folge mehr Wohlstand bieten konnten und weniger streng erzogen.
Der Umstand entweder direkt oder indirekt durch das elterliche Sicherheitsnetz behü-
tet zu werden, verhilft der Generation Y sorglos in die Zukunft zu blicken.[64] Im Gegensatz zur Generation der Baby Boomer, die häufig eines von fünf oder sechs Kindern waren, sind die Angehörigen der Generation Y zumeist Einzelkinder. Kinder, die
unter vielen Geschwistern aufwachsen, lernen vermutlich früh die Bedeutung von
Respekt und Hierarchie kennen und wissen, was es heißt „zu warten, bis man an der
Reihe ist" und „abgenutzte Kleidungsstücke" aufzutragen. Bei vermögenden Eltern
aufwachsende Einzelkinder hingegen kennen keine Geduld „Ich möchte das und
zwar jetzt".[65] Des Weiteren verfügen Einzelkinder über großes Verhandlungsge-
schick, da sie es gewohnt sind, in Einzelgesprächen von Kindesschuhen an mit Auto-
ritätspersonen zu argumentieren. Diese Fähigkeit erweist sich im späteren Berufsleben als gewinnbringend.[66]

Orientierungslosigkeit

Eine weitere Eigenschaft, die die Generation Y kennzeichnet ist die Orientierungslosigkeit. „Im Gegensatz zu früheren Zeiten bieten sich der Generation Y im Zusammenhang mit den wirtschaftlichen, gesellschaftlichen und bildungspolitischen Entwicklungen heute unzählige Wahlmöglichkeiten – sei es bei der Zusammenstellung

---

[63] Vgl. Enderle, K. (2008): Frech, frei, fordernd, in: Personalmagazin Nr. 12/08, S. 12
[64] Vgl. Salt, B. (2007): Jenseits der Babyboomer: Der Aufstieg der Generation Y, S. 11 ff.
[65] Vgl. ebenda
[66] Vgl. a.a.O., S. 12

von auf den persönlichen Bedarf genau zugeschnittenen Produkten und Dienstleistungen, sei es bei der Gestaltung der beruflichen und privaten Zukunft."[67] Diese Breite an Wahlmöglichkeiten wird von Angehörigen der Generation Y als Fluch und Segen zugleich angesehen.[68] Einerseits eröffnen diese Wahlmöglichkeiten ungeahnte Chancen, den Lebensweg einzuschlagen, der genau auf die individuellen Fähigkeiten und Talente zugeschnitten ist und somit die beste Voraussetzung für die persönliche Entfaltung bietet. Andererseits überfordert diese Vielzahl an Alternativen in ihrer Komplexität den Einzelnen und löst Ohnmacht und Orientierungslosigkeit bei der Suche nach dem „perfekten" Weg aus.[69] Millenials verspüren den zunehmenden Druck, nicht alle Möglichkeiten, die das Leben bietet, ausschöpfen zu können. „Viele Eindrücke aus verschiedenen Zusammenhängen und viele Freunde, die interessante Erfahrungen in verschiedenen Ausbildungen, Ländern und Branchen gemacht haben, fördern die Mentalität, Träume und Ambitionen realisieren zu können und zu müssen."[70]

Sicherheitsbedürfnis

Gemäß der Deutschen Gesellschaft für Personalführung ist Sicherheit für die Generation Y nur von untergeordneter Bedeutung. Dies ist möglicherweise zum einen in der Erfahrung und dem Realitätssinn der Millenials in Bezug auf die heutige Arbeitsplatzunsicherheit begründet, zum anderen Beweis für die Verinnerlichung der Notwendigkeit zur Aneignung einer langfristigen Beschäftigungsfähigkeit (der sog. „Employability"[71]), die heutzutage auf dem Arbeitsmarkt von weitaus größerer Relevanz ist, als dies in früheren Zeiten der Fall war.[72] Auch andere Autoren konstituieren,

---

[67] Deutsche Gesellschaft für Personalführung e.V. (Hrsg.) (2011): Zwischen Anspruch und Wirklichkeit: Generation Y finden, fördern und binden, S.13

[68] Vgl. Parment, A. (2009): Die Generation Y – Mitarbeiter der Zukunft, S. 18

[69] Vgl. Deutsche Gesellschaft für Personalführung e.V. (Hrsg.) (2011): Zwischen Anspruch und Wirklichkeit: Generation Y finden, fördern und binden, S.13

[70] Parment, A. (2009): Die Generation Y – Mitarbeiter der Zukunft, S. 42 f.

[71] Employability bezeichnet das Konzept der „Notwendigkeit ständiger Weiterqualifizierung und lebenslangen Lernens sowie die Eigenverantwortung des einzelnen Arbeitnehmers für seine gesamte Erwerbsbiografie bei sich ständig wandelnden Anforderungen." siehe Gabler Wirtschaftslexikon (13. April 2013), http://wirtschaftslexikon.gabler.de/Definition/beschaeftigungsfaehigkeit.html?referenceKeywordName=Fortbildung

[72] Vgl. Deutsche Gesellschaft für Personalführung e.V. (Hrsg.) (2011): Zwischen Anspruch und Wirklichkeit: Generation Y finden, fördern und binden, S.14

dass Sicherheitsdenken in beruflicher Hinsicht den meisten Angehörigen der Generation Y fremd sei, sie hingegen Veränderungen selbstverständlich einfordern würden.[73] Dieser Argumentation folgend kann dieses mangelnde Sicherheitsbedürfnis eventuell die hohe Veränderungsbereitschaft und die stetige Wechselbereitschaft im Berufsleben der Generation Y erklären.

Gemäß der Universum Studie „German Ideal Employers 2012" an der sich mehr als 23.000 Studenten beteiligten, spielen sichere Arbeitsverhältnisse hingegen für Angehörige der Generation Y durchaus eine bedeutende Rolle.[74] Diesen widersprüchlich erscheinenden Ergebnissen zufolge kann vermutet werden, dass die Generation Y einerseits Sicherheit und Struktur würdigt, sich andererseits ihrer Flexibilität im Arbeitsleben jedoch nicht berauben lassen möchte.[75] So streben viele Millenials, trotz des Wunsches im Verlauf des Berufslebens für verschiedene Arbeitgeber tätig zu sein, einen unbefristeten Arbeitsvertrag an, halten sich allerdings jederzeit die Option offen, den Arbeitgeber wieder wechseln zu können.[76] Die Schnelllebigkeit und Komplexität der Berufswelt veranlasst Millenials hingegen auch, sich gerade im Privatleben überraschend bürgerlichen Werten zu verschreiben, die Halt und Ordnung suggerieren.[77]

Weiterentwicklung

Personalentwicklung hat sich zu einem der bedeutendsten Attraktivitätsfaktoren von Arbeitgebern für die Generation Y entwickelt. Dies lassen die jungen Berufsbewerber bereits im Einstellungsgespräch deutlich werden, indem sie den potenziellen Arbeit-

---

[73] Vgl. Meinert, S. (2008): Arbeitsmarkt-Entwicklung: Die besten der Generation Y rekrutieren, in: FTD Financial Times Deutschland (13. April 2013), http://www.ftd.de/karriere/karriere/:arbeitsmarkt-entwicklung-die-besten-der-generation-y-rekrutieren/413901.html?page=2 und Obmann, C. (2012): Why?! – Die enttäuschte Generation Y, in: Karriere.de (20. Juni 2013), http://www.karriere.de/berufseinstieg/why-die-enttaeuschte-generation-y-165228/

[74] Vgl. Universium. Building Brands to Capture Talents (13. April 2013), http://www.universumglobal.com/IDEAL-Employer-Rankings/The-National-Editions/German-Student-Survey.aspx

[75] Vgl. Laick, S. (2009): Die neue Generation abholen, in: Personalwirtschaft, Sonderheft 08/2009, S. 21 ff.

[76] Vgl. Deutsche Gesellschaft für Personalführung e.V. (Hrsg.) (2011): Zwischen Anspruch und Wirklichkeit: Generation Y finden, fördern und binden, S.14

[77] Dostert, E. (2010): Generation Biedermeier, in: Süddeutsche.de (13. April 2013), http://www.sueddeutsche.de/karriere/studie-zur-jugendkultur-generation-biedermeier-1.998533-2

geber genau nach möglichen Qualifizierungsangeboten und Entwicklungsperspektiven befragen.[78] Unternehmen werden von den Bewerbern akribisch überprüft, um keinen fadenscheinigen Versprechungen zu erliegen, die später von den Betrieben nicht eingehalten werden, insbesondere wenn mögliche Mitbewerber mit erkennbar seriöseren Perspektiven werben.[79]

Im Sinne der synonymen Bezeichnung ‚Trophy Kids' für die Generation Y, wird versucht, sich teilweise beliebig ein Arsenal an Fähigkeiten anzueignen, um attraktiv auf dem Arbeitsmarkt für den umkämpften Traumjob zu sein und sich vor dem Hintergrund der Employability strategisch zu positionieren. Hierzu zählen u.a. Fremdsprachenkenntnisse, internationale Arbeitseinsätze und ein scheinbar unermüdliches Depot an Zusatzqualifikationen, die nicht zwingenderweise einen Beweis für das hohe Interesse an der spezifischen Arbeitsaufgabe darstellen, sondern vielmehr im Sinne einer „Rundumsorglos-Logik"[80] erworben werden. Ferner sind die jungen Berufstätigen nicht mehr bereit, lange Zeit auf die Inanspruchnahme von Weiterentwicklungsmaßnahmen zu warten oder sich die Teilnahme durch beständige Anstrengung zu erarbeiten. Dies betrifft ebenso die Option auf durch den Arbeitgeber geförderte und organisierte internationale Arbeitseinsätze oder zeitlich beschränkte Auslandsaufenthalte. Das Angebot und die Möglichkeit zur Partizipation müssen von Unternehmenseintritt an gegeben sein.[81]

Sinnsuche

Viele Angehörige der Generation Y befinden sich in einer Sinnkrise. Die nahezu uneingeschränkten Möglichkeiten der persönlichen Entfaltung lassen die jungen Berufstätigen an der Richtigkeit ihres eingeschlagenen Weges zweifeln und führen verein-

---

[78] Vgl. Kleiminger, H. (2011): Gen Y: Implikationen für die Personalentwicklung, in: Klaffke, M. (Hrsg.) Personalmanagement von Millenials, S. 135 ff.

[79] Vgl. Deutsche Gesellschaft für Personalführung e.V. (Hrsg.) (2011): Zwischen Anspruch und Wirklichkeit: Generation Y finden, fördern und binden, S.16

[80] Dostert, E. (2010): Die Verlierer sind selbst schuld, in: Süddeutsche.de (13. April 2013) http://www.sueddeutsche.de/karriere/studie-zur-jugendkultur-generation-biedermeier-1.998533-2

[81] Vgl. Deutsche Gesellschaft für Personalführung e.V. (Hrsg.) (2011): Zwischen Anspruch und Wirklichkeit: Generation Y finden, fördern und binden, S.16 und PricewaterhouseCoopers (Hrsg.): Talent Mobility 2020: The next generation of international assignments (13. April 2013), http://www.pwc.com/gx/en/managing-tomorrows-people/future-of-work/pdf/talent-mobility-2020.pdf, S. 14 ff.

zelt sogar in die ‚Quarterlife-Crisis'.[82] Immer weniger Young Professionals streben nach der klassischen Karriere oder sehen die Ausübung einer Führungsposition als primäres Ziel. Von größerer Bedeutung sind für die jungen Berufstätigen interessante Arbeitsinhalte, die Anerkennung der eigenen Leistung sowie Ausgewogenheit zwischen Arbeits- und Privatleben.[83] Gründe für diese veränderten Zielvorstellungen können möglicherweise darin liegen, dass seitens der Generation Y der Erwartungsdruck, der an Führungskräfte gestellt wird und die zu leistenden Anstrengungen bereits negativ bei ihren Eltern wahrgenommen werden. Die Abneigung hinsichtlich traditioneller Karrieremodelle nimmt kontinuierlich zu, was auch in der Sorge begründet sein kann, in festgefahrenen hierarchischen Strukturen großer Unternehmen keine Entfaltungsmöglichkeiten gewährt zu bekommen und ohnehin nur ausführende Kraft ohne eigenen Entscheidungsspielraum zu sein.

Flexibilität

Die Flexibilität der Generation Y kann auf zahlreiche Anwendungsfelder bezogen werden, so auch auf die Abgrenzung von Arbeit und Privatleben. Vor allem im Zuge des technologischen Fortschritts verschwimmen die Grenzen zwischen diesen beiden Domänen, der sog. Work-Life-Balance. Viele Mitglieder der Generation Y sehen die strikte Trennung nicht mehr als erforderlich an und sind bereit auch in der Freizeit zu einem bestimmten Anteil dem Arbeitgeber zur Verfügung zu stehen. Im Gegenzug erwarten sie jedoch auch die Erlaubnis, private Angelegenheiten bis zu einem gewissen Maße während der Arbeitszeit erledigen zu dürfen. So könnte exemplarisch für die Vorbereitung einer geschäftlichen Präsentation am Vorabend von zu Hause aus auch das Einverständnis zur Tätigung einer Überweisung via Online-Banking vom Arbeitsplatz erwartet werden.[84] Das Verbot der privaten Nutzung des Internetanschlusses im Unternehmen ruft Unverständnis, zum Teil sogar Ablehnung hervor.[85]

---

[82] Vgl. Hoffmann, S. (2002): Jung, erfolgreich, kreuzunglücklich. Die Krise der Mittzwanziger, in: Spiegel online (13. April 2013), http://www.spiegel.de/unispiegel/wunderbar/jung-erfolgreich-kreuzungluecklich-die-krise-der-mittzwanziger-a-211192.html

[83] Vgl. Institut für Beschäftigung und Employability (IBE) (13. April 2013), http://www.ibe-ludwigshafen.de/index.php?option=com_content&view=article&id=158%3Agesellschaftlicher-wertewandel&catid=44%3Atrendsarbeitswelt&Itemid=74&lang=de

[84] Vgl. Parment, A. (2009): Generation Y – Mitarbeiter der Zukunft, S. 95 ff.

[85] Vgl. Deutsche Gesellschaft für Personalführung e.V. (Hrsg.) (2011): Zwischen Anspruch und Wirklichkeit: Generation Y finden, fördern und binden, S.15

Weiterhin wollen Millenials „regelmäßig und zeitnah Feedback, interessante und vielfältige Arbeitsaufgaben, jede Menge Spaß und dazu Arbeitszeiten, die sie sich selbst einteilen können. Langfristige Anreize - wie nach Arbeitsjahren gestaffelte Gehälter oder Rentenansprüche - finden dagegen wenig Anklang."[86] Die langfristige Bindung an ein Unternehmen wiederstrebt dem Flexibilitätsbedürfnis der Generation Y.

Beziehungen

Soziale Beziehungen nehmen einen hohen Stellenwert für die Generation Y ein und übersteigen den Arbeitgeber meist in seiner Bedeutung. Hierbei lassen sich zwei kontroverse Phänomene beobachten: Einerseits legen Millenials verstärkt Wert auf gute, teilweise sogar freundschaftliche Verhältnisse am Arbeitsplatz, andererseits konzentrieren sie sich zunehmend auf soziale Netzwerke außerhalb des Unternehmens. „Die informellen Beziehungen bei der Arbeit werden [...] wichtiger als sie es in älteren, starreren Berufen waren. Das typische Netzwerk ist ein amorphes Gebiet, in dem nicht mehr zwischen Arbeit und Freundschaft unterschieden wird."[87]. So ein erster Erklärungsansatz des amerikanischen Soziologen Sennett. Eine exakte Trennung zwischen Geschäftlichem und Privatem existiert auch hier nicht mehr.

Die Tatsache, dass Millenials verstärkt Wert auf die Pflege von sozialen Kontakten außerhalb der Arbeit legen, ist möglicherweise darin begründet, dass die hohe Wechselbereitschaft und der Wunsch durch häufiges ‚Job-Hopping' schneller die Karriereleiter zu erklimmen einen mehrfachen Austausch der Arbeitskollegen und somit der direkten sozialen Kontakte, mit denen die Generation Y unmittelbar in Kontakt stehen, impliziert.[88]

2.2.3.2 Gesellschaftliche Ebene

Auf gesellschaftlicher Ebene haben folgende Entwicklungen maßgeblichen Einfluss auf die Generation Y:

---

[86] Meinert, S. (2008): Arbeitsmarkt-Entwicklung: Die besten der Generation Y rekrutieren, in: FTD Financial Times Deutschland (13. April 2013), http://www.ftd.de/karriere/karriere/:arbeitsmarkt-entwicklung-die-besten-der-generation-y-rekrutieren/413901.html?page=2

[87] Schwenke, P./ Weber-Guskar, E. (2008): Kein Leben jenseits der Arbeit, in: Zeit online (13. April 2013), http://www.zeit.de/campus/2008/04/interview-richard-senett

[88] Vgl. Parment, A. (2009): Generation Y – Mitarbeiter der Zukunft, S. 29 ff.

Globalisierung

Die Deregulierung von Märkten, informationstechnologische Fortschritte, sowie abnehmende Transport- und Kommunikationskosten haben international zu einer steigenden Verflechtung von Wirtschaftsaktivitäten zwischen den Ländern geführt. Mit
dem Begriff Globalisierung verbindet die Generation Y vor allem die Möglichkeit, ohne größere Hindernisse und Einschränkungen länderübergreifend studieren, arbeiten
oder reisen zu können sowie die Assoziation kultureller Vielfalt. Jedoch wissen die
Millenials auch um negative Auswirkungen in diesem Zusammenhang: Klimawandel,
Erderwärmung, gestiegene Arbeitslosigkeit in Folge von Stellenstreichungen und Un-
ternehmensumsiedlungen. Letzteres ist der Grund, weshalb junge Berufstätige
Nachhaltigkeits- sowie CSR-Programme als durchaus ernstzunehmende Auswahlkri-
terien bei der Entscheidung für einen potenziellen Arbeitgeber heranziehen.[89]

Internet und Telekommunikation

Die prägendste Veränderung in der formativen Phase der Generation Y ist vermutlich
die Evolution des Internets und der digitalen Medien. Waren die ersten Jahre der
Nutzung des Internets geprägt von dem Wunsch nach Zugang zum weltweiten In-
formationsnetz, hat sich der Schwerpunkt in den letzten Jahren hinsichtlich dem
Wunsch nach Partizipation, Vernetzung und Mitgestaltung verlagert.[90] Millenials sehen das Internet als Informationsquelle und Wissensbasis als selbstverständlich an.[91]
Zur Aneignung neuer Wissensinhalte sind die Benutzung des Internets, die Nutzung
von Multimedia-Techniken, die Anwendung von E-Learning und die Inanspruchnahme datenbank-basierten Knowhow-Transfers zumeist eine Banalität.[92] Jedoch darf
die Heterogenität der Millenials nicht unterschätzt werden, denn nicht alle Angehörigen der Generation Y gehören zu den „digitalen Helden".[93]

---

[89] Vgl. Klaffke, M./ Parment, A. (2011): Herausforderungen und Handlungsansätze für das Personal-
      management von Millenials, in: Klaffke, M. (Hrsg.): Personalmanagement von Millenials, S. 8f.
[90] Vgl. a.a.O., S. 9
[91] Vgl. Parment, A. (2009): Generation Y – Mitarbeiter der Zukunft, S. 43 f.
[92] Vgl. Meinert, S. (2010): Generation Y: Zwischen Ipod und Learning 2.0, in: Financial Times
      Deutschland (12. April 2013)
      URL: http://www.ftd.de/karriere/management/:generation-y-zwischen-i-pod-und-learning-2-
      0/50107269.html
[93] Wang, E. (2010): Die Arbeit zählt, in: Personalwirtschaft.de Nr. 09/2010, S. 21

Vor dem Hintergrund der technischen Versiertheit sehen Millenials einen innovativen Arbeitsplatz mit zeitgemäßen Technologien wie bspw. die Ausstattung mit Laptop, Smartphone, Blackberry etc. als Selbstverständlichkeit an, um der Forderung nach Erreichbarkeit und Schnelligkeit gerecht zu werden und weniger als einen Ausdruck von Status wie ihre Vorgänger.[94]

Mediales Angebot

Mit der Einführung des häufig werbefinanzierten Privatfernsehens hat sich weiterhin eine fühlbare Kommerzialisierung und Verschiebung gesellschaftlicher Werte des Sendeangebots von Rundfunk- und Fernsehanstalten vollzogen. Protagonisten der zumeist aus den USA stammenden Fernsehserien wie ‚Sex and the City‘, ‚Beverly Hills‘ oder das spätere ‚Gossip Girl‘ transportierten die neuen Werte in deutsche Haushalte und zeigten einen neuen Lebensstil auf, der zu diesem Zeitpunkt als Gegensatz zur bisherigen traditionellen Lebenshaltung angesehen werden konnte.[95]

Auch vermitteln die neuen Reality-TV-Formate und Casting-Shows wie „Big Brother", „Germany's Next Topmodel", oder „Deutschland sucht den Superstar" die Botschaft, dass es ohne vormals essentielle Voraussetzung für Berühmtheit oder Karriere möglich ist, im Leben Erfolg zu haben und unverhofft zum Star zu werden. „Die Tendenz sich von Stars inspirieren zu lassen, ist nicht neu, sie greift aber tiefer in die gesellschaftliche Identitätsentwicklung ein und wird weniger von gesellschaftlichen Erfordernissen und Normen begrenzt."[96]

Konsumentensouveränität

Die Generation Y wächst bereits mit deutlich mehr Wahl- und Einflussmöglichkeiten auf als ihre Vorgängergenerationen. Die Deregulierung der Märkte sowie die Verringerung von Transportkosten führen zu einem Anstieg des internationalen Handels.

---

[94] Vgl. Deutsche Gesellschaft für Personalführung e.V. (Hrsg.) (2011): Zwischen Anspruch und Wirklichkeit: Generation Y finden, fördern und binden, S.17
[95] Vgl. Klaffke, M./ Parment, A. (2011): Herausforderungen und Handlungsansätze für das Personalmanagement von Millenials, in: Klaffke, M. (Hrsg.): Personalmanagement von Millenials, S. 10 und vgl. Parment, A. (2009): Generation Y – Mitarbeiter der Zukunft, S. 54
[96] Parment, A. (2009): Generation Y – Mitarbeiter der Zukunft, S. 55

Der Eintritt von Niedrigpreisanbietern (z.B. RyanAir und H&M) ermöglicht dem Verbraucher zudem, sich zwischen verschiedenen Preis-, Leistungs- und Qualitätsalternativen zu entscheiden, was durch die fortschreitende Markttransparenz im Zuge der Verbreitung des Internets weiter intensiviert wird. Der steigende Konkurrenzdruck zwischen den Wettbewerbern hat eine Verschiebung der Marketingaktivitäten zur Folge. Unternehmen konzentrieren sich darauf, ihre Alleinstellungsmerkmale hervorzuheben und versuchen ihre Kunden verstärkt auf emotionaler Ebene anzusprechen.[97] Millenials sind es gewöhnt dem eigenen Lebensstil durch die Verwendung entsprechender Markenprodukte Ausdruck zu verleihen und sich zwischen einer Vielzahl von Alternativen, die genau auf ihre Erfordernisse angepasst werden, zu entscheiden. Folglich kann angenommen werden, dass die Generation Y diese starke Markenorientierung, die hohen Ansprüche und das starke Bedürfnis nach emotionaler Ansprache auch auf die Wahl eines passenden Arbeitgebers projiziert.

Arbeitsmarkt

Auch am Arbeitsmarkt vollzieht sich gemäß dem Absatzmarkt eine Steigerung der Transparenz. Analog zur Konsumentenverhaltensforschung werden verstärkt Anstrengungen unternommen, das Entscheidungsverhalten von potenziellen Bewerbern bei der Arbeitgeberwahl zu entschlüsseln. So kann angenommen werden, dass Arbeitgeberstudien, Bewertungsportale und unternehmenseigene Karriereseiten bei der Gewinnung von Young Professionals eine wichtige Rolle spielen.

Einen weiteren maßgeblichen Einfluss auf den Arbeitsmarkt wird dem Strukturwandel vom Industriesektor hin zum Dienstleistungssektor unterstellt. Die Bedeutung von geistiger Arbeit, fachgerechter Ausbildung und lebenslangem Lernen steigt, wohingegen die gering qualifizierte Arbeit stetig an Relevanz verliert. Neben der Gewinnung von Talenten erhalten in diesem Zusammenhang auch Marken, Werte und weitere immaterielle Faktoren eine immer größere Gewichtung für die Überlebensfähigkeit von Organisationen.[98] Dieses Wissen innehabend und die Macht der Demogra-

---

[97] Vgl. Klaffke, M./ Parment, A. (2011): Herausforderungen und Handlungsansätze für das Personalmanagement von Millenials, in: Klaffke, M. (Hrsg.): Personalmanagement von Millenials, S. 11
[98] Vgl. Klaffke, M./ Parment, A. (2011): Herausforderungen und Handlungsansätze für das Personalmanagement von Millenials, in: Klaffke, M. (Hrsg.): Personalmanagement von Millenials, S. 11

phie hinter sich wissend, zeigt sich die Generation Y „wählerisch wie eine Diva beim Dorftanztee"[99] bei der Suche nach dem zukünftigen Arbeitgeber.

2.3 Gezieltes Personalmanagement zur Steigerung der Arbeitgeberattraktivität

Der folgende Abschnitt versucht nach der Abgrenzung einiger relevanter personal-wirtschaftlicher Begrifflichkeiten für den vorliegenden Kontext, Einflussfaktoren und Handlungsfelder der Arbeitgeberattraktivität zu erläutern. Besonderes Augenmerk sollen hierbei Bedürfnisse und Anforderungen der Generation Y finden, da diese bislang in der Gestaltung von betrieblichen Strukturen und Abläufen nicht durchgängig berücksichtigt zu werden scheinen.[100]

2.3.1 Zum Begriff Personalmanagement

Die zunehmende Komplexität vieler Unternehmen, die Verschärfung und Globalisierung des Wettbewerbs und die bereits beschriebenen demographischen Auswirkungen und daraus resultierende Veränderungen auf die Belegschaft, lassen das Personalmanagement zu einer stetig an Bedeutung gewinnenden Unternehmensfunktion werden, die maßgeblich zur Verwirklichung der Unternehmensziele beiträgt.[101] Ein professionelles, auf die heutigen Gegebenheiten ausgerichtetes Personalmanagement zeichnet sich dadurch aus, dass die in Abbildung sieben aufgeführten neun Teilbereiche der personalwirtschaftlichen Wertschöpfungskette professionell bearbeitet werden. Hierzu zählt nicht allein die konzeptionelle Ausrichtung des jeweiligen Teilbereichs, sondern auch die Unterstützung durch geeignete Instrumente und Methoden zur tatsächlichen Umsetzung und die eindeutige Zuweisung von Prozessen und Verantwortlichkeiten.[102]

---

[99] Vgl. Buchhorn, E./ Werle, K. (2011): Generation Y: Gewinner des Arbeitsmarktes, in: Spiegel online (13. April 2013), http://www.spiegel.de/karriere/berufsstart/generation-y-die-gewinner-des-arbeitsmarkts-a-766883.html

[100] Vgl. Klaffke, M. (Hrsg.) (2011): Personalmanagement von Millenials, S. V

[101] Vgl. Gabler Wirtschaftslexikon (14. April 2013), http://wirtschaftslexikon.gabler.de/Definition/internationales-personalmanagement.html

[102] Vgl. DGFP e.V. (Hrsg.) (2012): DGFP-Praxispapiere. DGFP Langzeitstudie: Professionelles Personalmanagement: Ergebnisse der Pix-Befragung 2012, Praxix-Papire 4/2012, S. 6

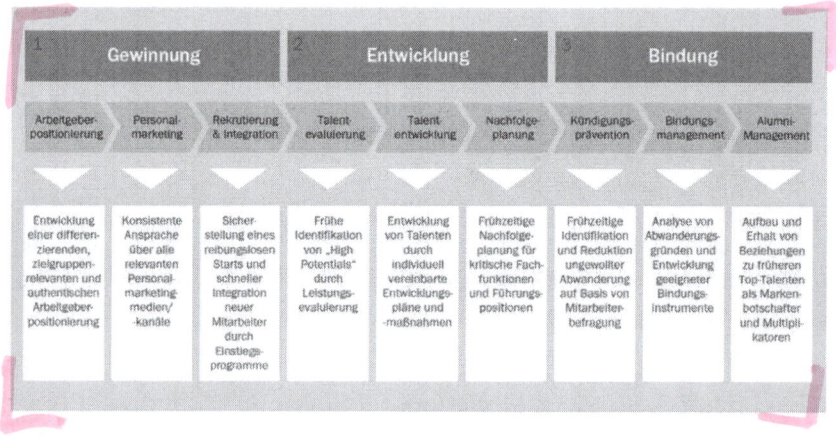

Abbildung 7: Personalwirtschaftliche Wertschöpfungskette[103]

Angesichts des demographischen Wandels ist es eine der wichtigsten Aufgaben des strategischen Human Resources Managements, sich systematisch mit der Generation Y auseinanderzusetzen und durch geeignete Maßnahmen zur Gewinnung, Entwicklung und Bindung qualifizierter Nachwuchskräfte beizutragen, um dem Fachkräftemangel vorzubeugen.[104]

2.3.1.1 Personalgewinnung und Employer Branding

Die Zukunftsfähigkeit von Unternehmen und eine erfolgreiche Abgrenzung gegenüber den Mitbewerbern werden in Zukunft nicht mehr in erster Linie durch gute Produkte erfolgen, sondern durch den Kampf um gute Mitarbeiter.[105] Bedingt durch den demographischen Wandel können sich die sog. High Potentials bereits heute die besten Jobangebote aussuchen. Gerade in hochspezialisierten Branchen können Studenten oftmals vor Abschluss der Bachelor- oder Masterarbeit zwischen verschiedenen Arbeitgeberangeboten auswählen.[106]

---

[103] Quelle: Gelbert, A./ Inglsperger, A. (2008): Employer Branding als Wachstumshebel, S. 19
[104] Vgl. Klaffke, M./ Parment, A. (2011): Herausforderungen und Handlungsansätze für das Personalmanagement von Millenials, in: Klaffke, M. (Hrsg.): Personalmanagement von Millenials, S. 5
[105] Vgl. Olesch, G. (2012): Erfolgsfaktoren für Arbeitgeberattraktivität, in: Personalführung Nr. 11/2012, S. 68
[106] Vgl. ebenda

Der Aufbau einer attraktiven Arbeitgebermarke ist von höchster Bedeutung, um die Aufmerksamkeit und das Interesse jener Nachwuchskräfte zu wecken. Hierbei geht es jedoch nicht darum, vakante Stellen zeitnah und möglichst zielgruppenspezifisch auf Jobportalen und interessant aufbereiteten Unternehmenswebsites zu offerieren, sondern eine holistische Personalmarketing-Strategie auszugestalten. Diese sollte idealerweise an die als kritisch bewerteten personalpolitischen Gegebenheiten anknüpfen und somit für einen zielgerichteten Ressourceneinsatz im Personalwesen sorgen. Entsprechende Gestaltungsmaßnahmen knüpfen an das sog. Employer Branding an, unter dem „[...] die Adaption des Markenkonzepts im Kontext des Personalmanagements [...]" verstanden wird, um „[...] den Aufbau sowie die Weiterentwicklung einer einzigartigen und glaubwürdigen Arbeitgebermarke, die eine Profilierung des Unternehmens als attraktiver Arbeitgeber gewährleisten soll [...]"[107] zu verfolgen.

Entsprechende Kommunikationsmaßnahmen können u.a. die Gestaltung des Karrierebereichs im Internetauftritt des Unternehmens sein oder die Repräsentation auf Plattformen wie Facebook, Linkedin, Xing, Twitter oder Youtube.[108] Um die vielumworbenen hochqualifizierten Arbeitskräfte tatsächlich zu gewinnen, muss ein Unternehmen mit interessanten, personalpolitischen Angeboten überzeugen. Es ist nicht ausreichend, die potenziellen Mitarbeiter durch den Aufbau einer attraktiven Arbeitgebermarke lediglich auf das Unternehmen aufmerksam zu machen, sondern die umworbenen Bereiche müssen den Mitarbeitern schließlich auch faktisch zur Verfügung gestellt werden. Aufgrund der nahezu uneingeschränkten Transparenz sozialer Medien kann heutzutage relativ einfach durch Recherche in verschiedenen Arbeitgeberbewertungsportalen nachvollzogen werden, ob Unternehmen ihren marketingtechnischen Versprechen nachkommen.[109] Die derzeit populärsten Bewertungsportale sind in nachfolgender Abbildung aufgelistet:

---

[107] Bollwitt, B. (2010): Herausforderung demographischer Wandel, S. 11
[108] Vgl. Klaffke, M./ Parment, A. (2011): Herausforderungen und Handlungsansätze für das Personalmanagement von Millenials, in: Klaffke, M. (Hrsg.): Personalmanagement von Millenials, S. 16
[109] Vgl. Olesch, G. (2012): Erfolgsfaktoren für Arbeitgeberattraktivität, in: Personalführung Nr. 11/2012, S. 68

Name des Bewertungsportals	Internet-Adresse	Anzahl bewerteter Unternehmen
Kununu	www.kununu.de	ca. 85.000
Jobvoting	www.jobvoting.de	ca. 100.000
Companize	www.companize.com	Keine Angabe
Mein Chef	www.meinchef.de	Keine Angabe
Bewerte meine Firma	www.bewertemeinefirma.de	Keine Angabe

Abbildung 8: Die derzeit bekanntesten Arbeitgeberbewertungsportale[110]

Hinsichtlich der Bewertungsportale kann jedoch kritisiert werden, inwiefern diese die reelle Situation im Unternehmen abbilden. Vermutlich sind eher solche Mitarbeiter dazu geneigt eine Bewertung abzugeben, die entweder sehr positive oder sehr negative Erfahrungen im Unternehmen gemacht haben. Nichtsdestotrotz kann angenommen werden, dass die aktuell im Unternehmen tätigen sowie die ehemaligen Mitarbeiter zu den glaubwürdigsten und somit wirkungsvollsten Trägern der Unternehmenskommunikation zählen. Indem sie ihrem persönlichen Umfeld und sozialen Netzwerken von den Gegebenheiten im Unternehmen berichten, steigern sie den Bekanntheitsgrad und fördern die Reputation als guter Arbeitgeber bzw. diskreditieren das Ansehen, insofern die tatsächlichen Gegebenheiten im Betrieb nicht im Einklang mit der kommunizierten Arbeitgebermarke stehen.

2.3.1.2 Personalentwicklung

Personalentwicklung gewinnt durch die demographischen Veränderungen für Arbeitgeber zunehmend an Bedeutung, um als Unternehmen langfristig konkurrenz- und überlebensfähig zu bleiben. Auch von Arbeitnehmerseite rangiert die Bereitstellung von Weiterentwicklungsmaßnahmen hinsichtlich Arbeitgeberattraktivität auf den ersten Plätzen. Dies wird bereits im Einstellungsprozess deutlich, indem kaum ein Interview mehr ohne die Frage nach Qualifizierungsangeboten und Entwicklungsperspektiven verläuft.[111] Doch nehmen professionelle Personalentwicklungsmaßnahmen trotz gegenteilig lautender Beteuerungen in vielen Unternehmen einen immer geringeren Stellenwert ein. Großkonzerne streichen Bildungsbudgets, reduzieren die Anzahl neu einzustellender Mitarbeiter und KMUs stellen ihre Personalentwicklungsaktivitäten teilweise komplett ein, da die Mittel fehlen um Mitarbeiter und Führungskräfte auf

---

[110] Quelle: Eigene Darstellung
[111] Vgl. Kleiminger, H. (2011): Gen Y. Implikationen für die Personalentwicklung, in: Klaffke, M. (Hrsg.) Personalmanagement von Millenials, S. 136

dem Weg der Veränderung zu begleiten oder fachgerecht auf ihre neuen Aufgaben vorzubereiten. Für Unternehmen, die die nicht nachlassende Dynamik von Veränderungsprozessen auf dem Markt und demographische Entwicklungen erfolgreich meistern wollen, ist die strategische und zielgerichtete Personalentwicklung jedoch unverzichtbar.[112]

Grundsätzlich können unter Personalentwicklung alle Formen der Mitarbeiterqualifizierung verstanden werden (Aus-, Fort- und Weiterbildungen), die dann zum Tragen kommen, wenn Defizite zwischen der derzeitigen Qualifikation der Mitarbeiter und den gestellten Anforderungen an eine Arbeitsaufgabe bestehen.[113] Dabei sollte Personalentwicklung nicht isoliert betrachtet werden, sondern an der Strategie und den Visionen sowie Werten des Unternehmens ausgerichtet sein.[114] Zu den Hauptzielen der Personalentwicklung zählen die Vermittlung von für die Arbeitsaufgabe relevanten Fähigkeiten, Fertigkeiten und Kompetenzen, die Gewährleistung des optimalen Personaleinsatzes sowie die intensive Bindung der Mitarbeiter an das Unternehmen.[115]

Organisationen, die verstärkt Wert auf die Personalentwicklung der Mitarbeiter legen, sind attraktivere Arbeitgeber für potenzielle Bewerber und für die eigenen Arbeitnehmer Anlass, für das Unternehmen tätig zu bleiben. Wird der Stellenwert der Personalentwicklung im Unternehmensprofil herausgestellt, kann sich dies als Vorteil gegenüber Mitbewerbern positiv auswirken.[116]

2.3.1.3 Personalbindung

Ist es dem Unternehmen gelungen, qualifizierte Bewerber für sich zu gewinnen und entsprechend den Erfordernissen der spezifischen Arbeitsaufgabe zu qualifizieren,

---

[112] Vgl. Flato, E./ Reinhold-Scheible, S. (2006): Personalentwicklung. Mitarbeiter qualifizieren, motivieren und fördern. Toolbox für die Praxis, S. 7

[113] Vgl. Scholz, C. (2000): Personalmanagement. Informationsorientierte und verhaltenstheoretische Grundlagen, S. 505

[114] Vgl. Flato, E./ Reinhold-Scheible, S. (2006): Personalentwicklung. Mitarbeiter qualifizieren, motivieren und fördern. Toolbox für die Praxis, S. 14

[115] Vgl. Mentzel, W. (2005): Personalentwicklung. Erfolgreich motivieren, fördern und weiterbilden, S. 10 ff.

[116] Vgl. Gaier, C. (2005): Strategische Personalentwicklung als Instrument zur Erreichung des Unternehmensziels, S. 3

so ist es nun von entscheidender Bedeutung diese wertvollen Mitarbeiter an das Unternehmen zu binden. Vor allem hinsichtlich der Generation Y kann ein Unternehmen mit der richtigen Strategie zur Mitarbeiterbindung die Grundlage für den zukünftigen wirtschaftlichen Erfolg schaffen.[117]

Mit der Bindung und dem Engagement der Mitarbeiter sind harte ökonomische Fakten verbunden, welche am einfachsten anhand der Fluktuation zu verdeutlichen sind. So sollten sich Unternehmen vergegenwärtigen, welche Kosten für sie im Zusammenhang mit der Fluktuation verbunden sind und sich die Frage stellen, wie viel sie dementsprechend bereit sind zu investieren, um die Fluktuation zu steuern. Kosten und Aufwendungen die entstehen können, sind bspw. Kosten für sinkende Motivation des Mitarbeiters, sobald er innerlich gekündigt hat, Kosten für Rekrutierungsmaßnahmen, um die Stelle nachzubesetzen, Kosten für die vorliegende Vakanz, also der Übergangszeit zwischen ausgeschiedenem und neuem Mitarbeiter sowie Kosten für die Einarbeitung des neuen Mitarbeiters etc.[118]

Es ist anzunehmen, dass der Wertbeitrag guten Personalmanagements häufig einer der am meisten unterschätzen Treiber wirtschaftlichen Erfolgs darstellt. So gilt es sich vor Augen zu führen, wie viel Neugeschäft akquiriert werden muss, um eine Million Euro zusätzlichen Profit zu erreichen und hingegen der gleiche Effekt erzielt werden könnte, indem zehn hochqualifizierte und motivierte Mitarbeiter davon abgehalten werden, das Unternehmen zu verlassen.[119] Personalbindung ist dabei nicht als einmalige Aktivität anzusehen, sondern als eine weitreichende Daueraufgabe, mit deren Hilfe versucht werden soll, die in einem mühevollen, zeit- und kostenaufwendigen Prozess gewonnenen Mitarbeiter nicht wieder zu verlieren.[120] Hierzu zählen u.a. die einfühlsame Personalauswahl und -einarbeitung sowie weitere zielgerichtete Personaleinsatzmaßnahmen, die Personalbeurteilung, das Entgelt, die Personalführung, der Personalservice und letztendlich die Personalentwicklung. Dieses Begriffs-

---

[117] Vgl. Thoma, C. (2011): Erfolgreiches Retention Management von Millenials, in: Klaffke, M. (Hrsg.): Personalmanagement von Millenials, S. 163
[118] Vgl. a.a.O., S. 165 ff.
[119] Vgl. Thoma, C. (2011): Erfolgreiches Retention Management von Millenials, in: Klaffke, M. (Hrsg.): Personalmanagement von Millenials, S. 169
[120] Vgl. Bröckermann, R./ Pepels, W. (2004): Personalbindung. Wettbewerbsvorteile durch strategisches Personalmanagement, S. 19

verständnis birgt jedoch das Risiko der Aufhebung einer sauberen Unterscheidung zwischen Personalmanagement als komplexer Funktion und der Personalbindung.[121]

2.3.1.4 Übersicht des Zusammenhangs der personalwirtschaftlichen Funktionen

Abschließend soll die nachfolgende Abbildung verdeutlichen, in welchem Zusammenhang die in den vorherigen Abschnitten beschriebenen personalpolitischen Maßnahmen in Bezug auf die Generation Y stehen und wie sie ineinandergreifen.

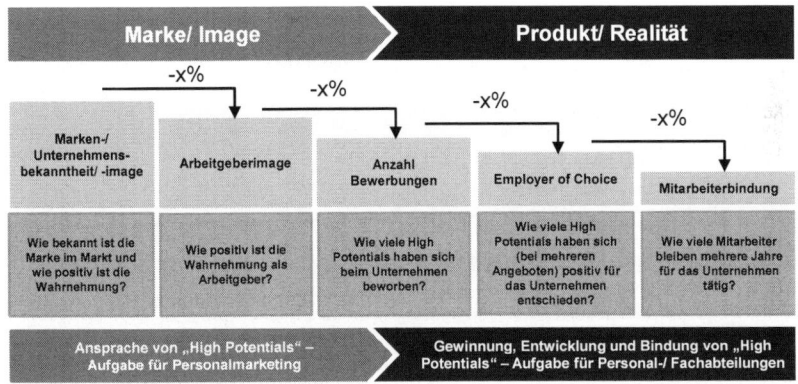

-x% = Relativer Abtrieb/ Verlust zwischen zwei Stufen der Ansprache von High Potentials

Abbildung 9: Zusammenhang personalwirtschaftlicher Funktionen[122]

Es wird ersichtlich, dass die häufig proklamierte Konzentration auf die Bildung einer attraktiven Arbeitgebermarke nicht ausreichend ist, um sich als Arbeitgeber der Wahl (‚Employer of Choice‘) zu positionieren, sondern die faktische Qualität von Personalprodukten und damit der Arbeitgeberqualität letztendlich den Ausschlag gibt. Erfolgreiche Personalarbeit zur Arbeitgeberattraktivitätssteigerung deckt die gesamte Wertschöpfungskette von der ‚Positionierung‘ über die ‚Gewinnung‘ bis zur ‚Bindung‘ ab. Die andernfalls entstehende Diskrepanz zwischen kommuniziertem Arbeitgeberversprechen und tatsächlicher Leistungserfüllung führt sonst zu enttäuschten Er-

---

[121] Vgl. Bröckermann, R./ Pepels, W. (2004): Personalbindung. Wettbewerbsvorteile durch strategisches Personalmanagement, S. 19

[122] Eigene Darstellung in Anlehnung an Gelbert, A./ Inglsperger, A. (2008): Employer Branding als Wachstumshebel, S. 19

wartungen, die das Arbeitgeberimage dauerhaft beeinträchtigen können. Im entfachten Wettbewerb um ‚High Potentials' muss das Ziel der ‚Arbeitgeber erster Wahl' zu werden elementarer Bestandteil der Unternehmensstrategie sein. Dies bedeutet für das Personalmanagement zum einen, sich als „Hüter der Arbeitgebermarke"[123], zum anderen als „Talent Manager"[124] zu positionieren.

2.3.2 Zum Begriff Hochqualifizierte und High Potentials

Der steigende Einfluss der englischen Sprache auf den deutschen Sprachraum ist kein neues Phänomen und so macht auch die inflationäre Verwendung von Anglizismen vor dem Personalwesen (auch Human Resources Management) nicht halt. Die genaue Bedeutung derartiger Begrifflichkeiten bleibt teilweise jedoch unklar. Schlagwörter wie ‚High Potentials', ‚Top Talents', ‚War for Talents' finden sich immer häufiger in der personalwirtschaftlichen Diskussion. Im folgenden Abschnitt soll der Frage nachgegangen werden, welche Personengruppe sich konkret hinter diesen Begriffen verbirgt und in welcher Hinsicht sie sich von ihren Mitbewerbern unterscheidet.

Die Harvard Business School untersuchte 2010 bei 45 international operierenden Unternehmen, auf welche Weise diese ihre Toptalente identifizieren und leiteten daraus die folgende Definition für den Begriff von High Potentials ab: "High Potentials übertreffen vergleichbare Kollegen regelmäßig und deutlich. Sie erreichen herausragende Leistungsniveaus und verhalten sich so, wie es der Kultur und den Werten ihres Unternehmens in vorbildlicher Weise entspricht. Darüber hinaus beweisen sie, dass sie überaus fähig sind, während ihrer gesamten Karriere innerhalb eines Unternehmens zu wachsen und Erfolg zu haben – und zwar schneller und effektiver als ihre Vergleichsgruppen."[125]

Für den vorliegenden Kontext muss der Begriff High Potentials jedoch weiter gefasst werden, da auf dem Arbeitsmarkt nur eine Minderheit zum Personenkreis jener Privi-

---

[123] Gelbert, A./ Inglsperger, A. (2008): Employer Branding als Wachstumshebel, S. 19
[124] Ebenda
[125] Hockling, S. (2012): High Potentials. Die Besten unter den Besten, in: Zeit Online (14. April 2013), http://www.zeit.de/karriere/beruf/2012-01/high-potentials-leistungstraeger

legierten gezählt werden kann. So gehören bspw. nur etwa sechs Prozent der Hochschulstudenten zur Gruppe der Hochbegabten, die von den Unternehmen händeringend umworben werden.[126] Da dies nicht ausreicht, um den heutigen Fachkräftebedarf zu decken, müssen in die hier angestellten Überlegungen weitere Personen miteingeschlossen werden. Denn es ist anzunehmen, dass auch die Mitarbeiter zum Kreise der hochqualifizierten Fachkräfte gezählt werden können, die über fachgerechte Ausbildungen, Hochschulabschlüsse oder vergleichbare Zusatzqualifikationen verfügen und diese nicht als einer der Besten abgeschlossen haben.[127] Dieser Argumentation folgend wird in der Bundesrepublik Deutschland bspw. Nicht-EU-Ausländern eine ‚Blaue Karte' zur Ausübung hochqualifizierter Beschäftigung erteilt, insofern diese einen deutschen oder ausländischen Hochschulabschluss besitzen oder über eine durch mindestens fünfjährige Berufserfahrung nachgewiesene vergleichbare Qualifikation verfügen.[128]

Ferner darf die Tatsache nicht vernachlässigt werden, dass es Unternehmen durch Weiterentwicklungsmaßnahmen gelingen kann, ihren Fachkräftebedarf zu decken und gute, bislang eventuell unzureichend qualifizierte Leistungsträger entsprechend weiterzubilden und sie auf diese Weise zu Hochqualifizierten zu transformieren.

2.3.3 Zum Begriff Arbeitgeberattraktivität

Konzepte attraktiver Arbeitgeber haben in Deutschland lange Tradition. Bereits Firmengründer wie Robert Bosch oder die Familie Krupp boten ihren Arbeitern umfassende Sozialleistungen wie z.b. Weihnachtsgratifikationen oder sorgten sich um die Errichtung von Krankenanstalten in ihren Arbeitersiedlungen. Auch wenn diese Maß-

---

[126] Vgl. Böcker, M. (2004): High Potentials. Lob der Mittelmäßigkeit, in: Manager Magazin Online (14. April 2013), http://www.manager-magazin.de/unternehmen/karriere/0,2828,311553,00.html
[127] Hier zeigt sich ein mathematisches Problem: Legt man einen ausreichenden Stichprobenumfang zu Grunde, ergibt sich annähernd eine Gauß'sche Normalverteilung. Wird anschließend der Median berechnet, bildet sich die Grenze, oberhalb derer die Hälfte der Zahlen größer ist und unterhalb derer die Zahlen kleiner sind. Auch wenn im Berufsleben niemand gerne als Mittelmaß oder Durchschnitt bezeichnet wird, so wird ersichtlich, dass ein Großteil der Arbeitnehmer zu dieser Gruppe gezählt werden muss, die sich um den Median verteilen. Siehe hierzu: Gabler Verlag (Hrsg.), Gabler Wirtschaftslexikon, Stichwort: Normalverteilung, (14. April 2013), http://wirtschaftslexikon.gabler.de/Archiv/2071/normalverteilung-v10.html und . Böcker, M. (2004): High Potentials. Lob der Mittelmäßigkeit, in: Manager Magazin Online (14. April 2013), http://www.manager-magazin.de/unternehmen/karriere/0,2828,311553,00.html
[128] Vgl. § 19a AufenthG, Bundesministerium der Justiz (Hrsg.), Gesetze im Internet (14. April 2013), http://www.gesetze-im-internet.de/aufenthg_2004/__19a.html

nahmen nicht alleine aus altruistischen Gründen getroffen wurden, sondern ebenfalls um das Ziel zu verfolgen die Arbeiter an die Unternehmen zu binden und sie weniger empfänglich für die Gedanken von Gewerkschaften zu machen, so wurden vertrauensvolle Beziehungen zu den Mitarbeitern schon damals als wünschenswert angesehen.[129] Dies belegt die Aussage Robert Boschs im Jahr 1921: „Lieber Geld verlieren als Vertrauen"[130]

Wie damals, wird auch heute nicht in erster Linie aus uneigennützigen Gründen sondern aus betriebswirtschaftlicher Motivation heraus versucht, die Arbeitgeberattraktivität einer Organisation bzw. eines Unternehmens zu erhöhen. Moderne Ansätze der Arbeitgeberattraktivität stehen vor der Herausforderung, ob sich aus der Umsetzung der entsprechenden Maßnahmen ein wirtschaftlicher Vorteil ergibt.[131] So konnte bspw. durch Untersuchungen im Zusammenhang mit dem ‚Great Place to Work ® Modell ©' nachgewiesen werden, dass der Unternehmenserfolg und eine positive Arbeitsplatzkultur stark korrelieren. Auch der Aktienkurs von Unternehmen mit besonders angenehmer Arbeitsplatzkultur entwickelte sich deutlich positiver als der von Vergleichsunternehmen.[132] Wenn also festgestellt werden kann, dass sich Maßnahmen zur Steigerung der Arbeitgeberattraktivität positiv auf den Unternehmenserfolg auswirken, so stellt sich die Frage, welche Faktoren es konkret zu beeinflussen gilt, um positive Effekte zu verzeichnen.

2.4   Einflussfaktoren auf die Arbeitgeberattraktivität

Im folgenden Abschnitt wird der Versuch unternommen, die Faktoren zu erläutern, denen ein Einfluss auf die Entscheidung für einen potenziellen Arbeitgeber der Wahl unterstellt wird. Die Darlegung und Interpretation der Faktoren dient der Operationalisierung und der anschließenden Ableitung von Dimensionen sowie Indikatoren für die empirische Befragung.

---

[129] Vgl. Schulte, K./ Hauser, F./ Kirsch, J. (2009): Was macht Unternehmen zu guten Arbeitgebern?, in: Wirtschaftspsychologie Heft 3/2009, S. 18
[130] Bosch in Deutschland (31. März 2013), http://www.bosch.de/de/de/newsroom_1/topics_1/responsibility_creates_trust_1/responsibility-creates-trust.html
[131] Vgl. Schulte, K./ Hauser, F./ Kirsch, J. (2009): Was macht Unternehmen zu guten Arbeitgebern?, in: Wirtschaftspsychologie Heft 3/2009, S.20
[132] Vgl. ebenda

2.4.1 Erfüllung berufsbezogener Bedürfnisse als Voraussetzung für Arbeitgeberattraktivität

Am Anfang der Überlegungen steht die Erkenntnis, dass ein Arbeitgeber dann als attraktiv wahrgenommen wird, wenn die Bewerber davon ausgehen können, dass sie als Mitarbeiter dieses Unternehmens ihre berufsbezogenen Bedürfnisse erfüllen können.[133] Ein Bedürfnis kann in diesem Zusammenhang definiert werden als „das Gefühl eines Mangels verbunden mit dem Wunsch, diesen Mangel zu befriedigen, zu erfüllen."[134], d.h. dem Empfinden eines Mangels Abhilfe zu verschaffen. Diese Bedürfnisse können in beruflicher Hinsicht u. a. attraktive Vergütung, Vereinbarkeit von Beruf und Familie sowie Möglichkeiten zur individuellen Weiterentwicklung sein. Entgegengesetzt kann angenommen werden, dass ein Arbeitgeber als unattraktiv gilt, wenn Bewerber vermuten, ihre berufsbezogenen Bedürfnisse nicht befriedigen zu können.[135]

Zur Beantwortung der Frage, weshalb Young Professionals für bestimmte Unternehmen tätig werden möchten und für andere nicht bzw. weshalb es manchen Unternehmen gelingt, diese Nachwuchskräfte an sich zu binden oder eben nicht, kann die ERG-Theorie[136] von Alderfer herangezogen werden. Die ERG-Theorie geht auf die Bedürfnispyramide Maslows, einem der wichtigsten Vertreter der humanistischen Psychologie, zurück. Obwohl die Bedürfnispyramide ursprünglich nicht für die Anwendung auf die Arbeitswelt vorgesehen war, wird sie nach wie vor häufig herangezogen, um zu diskutieren inwieweit sich Mitarbeiter bspw. durch Geld, Dienstwagen oder Boni dauerhaft motivieren lassen.[137]

Bei der Bedürfnispyramide Maslows (siehe Abb. 10) werden fünf voneinander abhängige Motivklassen von Defizitmotiven sowie Wachstumsmotiven unterschieden. Defizitmotive umfassen physiologische Grundbedürfnisse (z.B. Trinken, Essen,

---

[133] Vgl. Knecht, M./ Pifko, C. (2010): Psychologie am Arbeitsplatz, S. 105 ff.
[134] Fischbach, R./ Wollenberg, K. (2007): Volkswirtschaftslehre 1, S.14
[135] Vgl. Knecht, M./ Pifko, C. (2010): Psychologie am Arbeitsplatz, S. 105 ff.
[136] ERG steht für die Akronyme ‚Existence Needs', ‚Relatedness Needs' und ‚Growth Needs'. Vgl. hierzu Lang, A. et al. (2003): Kommunikation und Management, S. 191
[137] Vgl. Managerseminare (21. April 2013), http://www.managerseminare.de/Datenbanken_Lexikon/Beduerfnispyramide-und-ERG-Theorie,158161

Schlaf), Sicherheitsbedürfnisse (z.B. Wohnung, fester Arbeitsplatz, Gesundheit), soziale Bedürfnisse (z.B. Freundeskreis, Partnerschaft, Familie) und das Bedürfnis
nach Wertschätzung (z.B. Anerkennung, Lob). Die Nichterfüllung von Defizitmotiven
sorgt für Unzufriedenheit und entsprechende Handlungsmotivation. Ist der Mangel
behoben, versiegt die Motivation in die entsprechende Richtung. Das Wachstumsmo-
tiv ‚Selbstverwirklichung‘ entspringt hingegen keinem Mangel, noch ist es jemals zu
stillen.[138] Die häufig an Maslow geäußerte Kritik ist zumeist nicht auf das Modell
selbst, sondern auf seine Anwendbarkeit im Kontext hochentwickelter Gesellschaften
mit stark differenzierten Organisationsformen und spezialisierten Berufsfeldern bezogen, da die verschiedenen Bedürfnisebenen nicht exakt genug voneinander unterschieden werden können und zu großen Raum für Interpretation lassen.[139]

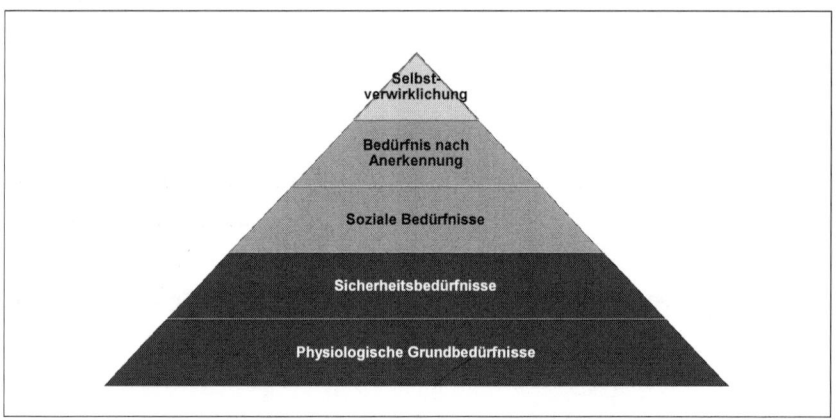

Abbildung 10: Maslows Bedürfnispyramide[140]

Um genau diese Kritikpunkte zu entkräften, entwickelte der amerikanische Psycholo-
ge Alderfer die Bedürfnispyramide Maslows weiter und passte sie an die moderne
Arbeitswelt an. Er fasst die vormals fünf Bedürfniskategorien zu drei Kategorien zu-

[138] Vgl. Kirchler, E. (Hrsg.) (2008): Arbeits- und Organisationspsychologie, S. 99
[139] Vgl. Managerseminare (21. April 2013),
http://www.managerseminare.de/Datenbanken_Lexikon/Beduerfnispyramide-und-ERG-
Theorie,158161
[140] Quelle: Eigene Darstellung in Anlehnung an Kirchler, E. (Hrsg.) (2008): Arbeits- und Organisationspsychologie, S. 99 ff.

sammen und verzichtet auf eine derart strenge hierarchische Unterscheidung. [141] Die drei Kategorien unterscheiden:

- *Basisbedürfnisse* ('existence needs'), die sich auf grundlegende materielle Voraussetzungen beziehen und den physiologischen und Sicherheitsbedürfnissen Maslows ähneln,
- *Beziehungsbedürfnisse* ('relatedness needs'), die den Wunsch nach festen zwischenmenschlichen Beziehungen umfassen und den sozialen Bedürfnissen und den Bedürfnissen nach Wertschätzung ähneln sowie
- *Wachstumsbedürfnisse* ('growth needs'), die das intrinsische Streben nach Entfaltung der Persönlichkeit ausdrücken und letztendlich der Selbstverwicklung Maslows entsprechen. [142]

Bedürfnisse der verschiedenen Kategorien können anhand von vier Prinzipien aktiviert werden:

- der *Frustrations-Hypothese,* die besagt, dass nicht befriedigte Bedürfnisse zu Frustration führen und Menschen daher nach Bedürfnisbefriedigung streben
- der *Frustrations-Regressions-Hypothese*, die besagt, dass durch Nichtbefriedigung eines Bedürfnisses ein hierarchisch niedrigeres Bedürfnis aktiviert oder sogar verstärkt wird
- der *Frustrations-Progressions-Hypothese*, die dagegen besagt, dass die Nichterfüllung eines Bedürfnisses zur Verstärkung des Bedürfnisses oder zur Aktivierung eines hierarchisch höheren Bedürfnisses führt
- der *Befriedigungs-Progressions-Hypothese,* die besagt, dass die Befriedigung eines Bedürfnisses, die Aktivierung höherer Bedürfnisse bedingt

---

[141] Vgl. Drumm, H. J. (2008): Personalwirtschaft, S. 393
[142] Vgl. Stock-Homburg, R. (2010): Personalmanagement. Theorien - Instrumente – Konzepte, S. 73 f. und Hungenberg, H./ Wulf, T. (2006): Grundlagen der Unternehmensführung, S. 272

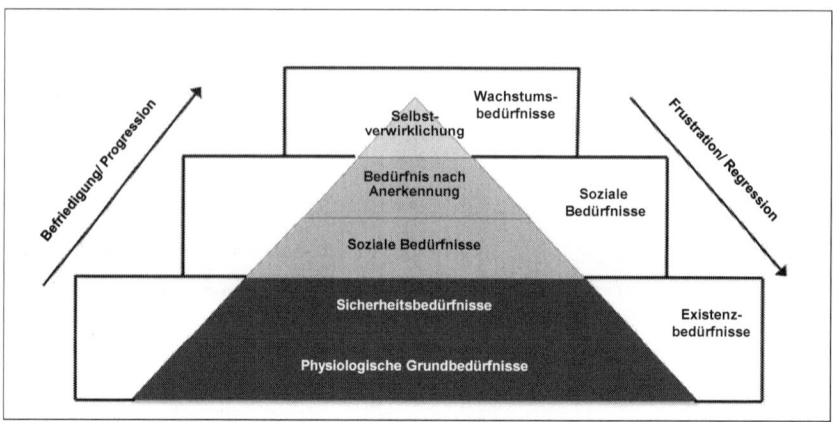

Abbildung 11: Alderfers ERG-Theorie[143]

Die ERG-Theorie ist verglichen mit der Bedürfnispyramide Maslows flexibler gestaltet und trägt der Tatsache Rechnung, dass verschiedene Mitarbeiter unterschiedlich auf die Nichterfüllung von Bedürfnissen reagieren. Ebenso postuliert die Theorie im Gegensatz zur Bedürfnispyramide Maslows die Möglichkeit, Bedürfnisse aus verschiedenen Kategorien gleichzeitig zu erfüllen.[144] Diesen Erkenntnissen soll später bei der Operationalisierung der Befragung der Arbeitgeberattraktivitätsfaktoren der Generation Y Rechnung getragen werden.

2.4.2 Arbeitgeberattraktivitätsfaktoren der Generation Y

Bei dem Versuch der Charakterisierung der Generation Y ergibt sich die Frage, welche Faktoren ihrerseits bei der Arbeitgeberwahl von besonderem Interesse sind. Um eine gewisse Vorstellung hinsichtlich der Präferenzen der Generation Y zu erhalten, werden im Folgenden entsprechende Ergebnisse verschiedener Studien wiedergegeben, die gemäß der ERG-Theorie gruppiert wurden.

---

[143] Quelle: Eigene Darstellung in Anlehung an Stock-Homburg, R. (2010): Personalmanagement. Theorien - Instrumente – Konzepte, S. 73 f.
[144] Vgl. Stock-Homburg, R. (2010): Personalmanagement. Theorien - Instrumente - Konzepte, S. 73 f.

Existenzbedürfnisse	Soziale Bedürfnisse	Wachstumsbedürfnisse
• Entlohnung & Sozialversicherung • Prosperierende Unternehmenssituation • Arbeitsplatzsicherheit • Gesunde Arbeitsbedingungen & Schutz vor Gefahren • Familienfreundlichkeit • Arbeitsplatz in Wohnortnähe • Seltene berufsbedingte Umzüge • Geregelte Arbeitszeiten • Work-Life-Balance (wenig Überstunden/ Wochenendarbeit) • Transparente, objektive und situationsgerechte Information, die möglichst Ängste abbaut oder gar nicht erst zulässt	• Vorbildliche Vorgesetzte • Unternehmenskultur • Diversity • Kollegialität und Teamwork • Kommunikation • Networking • Positives Unternehmensimage • Liberales Arbeitsumfeld • Fairness • Anerkennung und Wertschätzung	• Herausfordernde Arbeitsaufgabe • Entscheidungsfreiheit • Entfaltungs- und Entwicklungsmöglichkeiten • Teilnahme an Weiterbildungen • Zugang zu Lernmöglichkeiten • Schnelle Aufstiegs- und Karrieremöglichkeiten • Verantwortungsübernahme • Sinnstiftung der Arbeit und Identifikation mit den Zielen des Arbeitgebers

Abbildung 12: Einteilung der Attraktivitätsfaktoren nach der ERG-Theorie[145]

Auch wenn den ‚weichen Faktoren' für die Wahl des Arbeitgebers gemäß der ERG-Theorie vergleichsweise ein übergeordneter Einfluss unterstellt wird, so spielen strukturelle Eigenschaften eines Unternehmens für die Entscheidung für einen potenziellen Arbeitgeber gleichwohl eine entscheidende Rolle. Faktoren wie die Unternehmensgröße, die wirtschaftliche Situation des Unternehmens oder auch die Branchenzugehörigkeit beeinflussen die potenziellen Arbeitnehmer in ihrem Entscheidungsverhalten. Trotz der vielumschriebenen Globalisierung und Flexibilität ist der Standort eines Unternehmens oder die eventuelle Notwendigkeit eines Umzuges nach wie vor eine treibende Kraft bei der Arbeitgeberwahl.[146] Auch der Vergütung wird ein wesentlicher Einfluss beigemessen. Eine im Jahr 2010 durchgeführte Studie des Robert Half Instituts befragte 2400 Teilnehmer nach den wichtigsten Faktoren bei der Suche nach einem neuen Job. Die Teilnehmer nannten Gehalt und Zusatzleistungen dabei an zweithöchster Stelle.[147]

---

[145] Quelle: Eigene Darstellung als Synopse aus: Schleiter, A./ Armutat, S. (2004): Was Arbeitgeber attraktiv macht?, in: Deutsche Gesellschaft für Personalführung e.V. (DGFP): Praxis Papiere Ausgabe 4/2004; . Parment, A. (2009): Die Generation Y – Mitarbeiter der Zukunft, S. 96 ff.; Espinoza, C./ Ukleja, M./ Rush, C. (2010): Managing the Millenials. Discover the core competencies for Managing Today's Workforce, S. 55 ff.

[146] Vgl. Schleiter, A./ Armutat, S. (2004): Was Arbeitgeber attraktiv macht?, in: Deutsche Gesellschaft für Personalführung e.V. (DGFP): Praxis Papiere Ausgabe 4/2004

[147] Vgl. Robert Half (Hrsg.) (2010): Viele Generationen ein Team, S. 6 in: Robert Half (27. April 2013), http://www.roberthalf.de/EMEA/Germany/Assets/eDMs/Robert_Half_Viele_Generationen_ein_Team.pdf

Ein hohes Gehalt kann jedoch nicht als ‚Schmerzensgeld' für Führungsversäumnisse hinsichtlich der Generation Y erachtet werden.[148] Eine positive Unternehmenskultur und transparente Unternehmenskommunikation sind wesentliche Einflussfaktoren bei der Wahl eines Arbeitgebers für die Millenials, ebenso wie der Vorgesetzte. „People don't leave companies, they leave bosses."[149] Folglich spielt die Qualität und die Persönlichkeit des direkten Vorgesetzten eine oftmals stark unterschätzte Rolle bei der Bewertung der Arbeitgeberattraktivität.[150] Aufrichtiges sowie ethisch korrektes Handeln, dem Interesse der Vorgesetzten an den Mitarbeitern als Person, Unterstützung sowie die Einbindung in Entscheidungsprozesse als auch aufrichtige Wertschätzung und Lob wird dabei besondere Bedeutung zugemessen.

Von hoher Wichtigkeit ist ebenfalls die Balance zwischen Arbeit und Privatleben.[151] Dies beinhaltet zum einen die abnehmende Bereitschaft zu Überstunden, Wochenendarbeit oder Dienstreisen, zum anderen aber auch die Forderung nach flexiblerer Gestaltung der Arbeitszeiten und des Arbeitsorts. Diese Auflockerung der Grenzen bedeutet bspw. dass auch in der Freizeit gearbeitet wird und wichtige Vorbereitungen auch während des Feierabends von zu Hause getroffen werden, andererseits jedoch auch, dass Freizeitaktivitäten in die Arbeit getragen werden.[152]

Bisher schaffen es nur wenige Organisationen, die Bedürfnisse und Wünsche der Berufsanfänger mit den internen Abläufen und Erfordernissen in Einklang zu bringen. Um der Abwanderung entgegenzuwirken, sollten vor allem Arbeitsaufgabe und Arbeitsumfeld entsprechend den Anforderungen der Generation Y gestaltet werden und herausfordernde sowie häufig wechselnde Tätigkeiten beinhalten. Millenials möchten lernen und gefordert werden, selbstbestimmt planen und entscheiden können sowie Verantwortung sowohl für sich selbst als auch für andere übernehmen. Weiterhin ist

---

[148] Vgl. Bund, K./ Heuser, U. J./ Kuntze, A. (2013): Wollen die auch arbeiten?, in: Zeit Online (27. April 2013), http://www.zeit.de/2013/11/Generation-Y-Arbeitswelt

[149] Weinstein, B. (2010): Don't let incompetent bosses stand in your way, in: Financial Post (20. Juni 2013), http://www.financialpost.com/executive/hr/story.html?id=2701771

[150] Vgl. Singh, P./ Bhandarker, A./ Rai, S. (2012): Millenials and the Workplace. Challenges for Architecting the Organization of Tomorrow, S. 24

[151] Vgl. Espinoza, C./ Ukleja, M./ Rush, C. (2010): Managing the Millenials. Discover the core competencies for Managing Today's Workforce, S. 55

[152] Vgl. Parment, A. (2009): Die Generation Y – Mitarbeiter der Zukunft, S. 96

es von Bedeutung, den Zusammenhang zwischen der eigenen Bestimmung und den Unternehmenszielen zu verstehen.[153]

Weiterbildungen, Entfaltungs- und Entwicklungsmöglichkeiten nehmen in diesem Sinne eine wichtige Rolle für die Generation Y ein und sie sind nicht bereit, lange auf diese Angebote zu warten. Unterforderung und die Ausführung von Tätigkeiten, in denen sie keinen Sinn sehen, führen schnell zu Demotivation, Unzufriedenheit und Abwanderung. So fordert die Generation Y weitaus häufiger und regelmäßiger Rückmeldung von ihren Vorgesetzten als ihre Vorgängergenerationen.[154] So postuliert auch Tulgan: „If you want high performance out of this generation, you better commit to high-maintenance management."[155]

---

[153] Vgl. Tulgan, B. (2009): Not everyone gets a trophy. How to manage generation y, S. 13
[154] Vgl. Deutsche Gesellschaft für Personalführung e.V. (Hrsg.) (2011): Zwischen Anspruch und Wirklichkeit: Generation Y finden, fördern und binden, S.16
[155] Tulgan, B. (2009): Not everyone gets a trophy. How to manage generation y, S. 17

3 Empirische Befragung: Employer of Choice der Generation Y

In Kapitel drei wird das methodische Vorgehen der empirischen Befragung dargelegt. Hierzu werden das gewählte Untersuchungsdesign, die Durchführung der Untersuchung sowie die Konstruktoperationalisierung beschrieben. Ferner werden die Stichprobengewinnung sowie die Auswertungsmethoden dargestellt und die Rahmenbedingungen erläutert.

3.1 Untersuchungsfragestellung und Hypothesenableitung

Den bisherigen theoretischen Ausführungen zufolge betritt mit der Generation Y eine neue Arbeitnehmergeneration das Berufsleben, der unterstellt wird, sich erkennbar von den vorhergehenden Generationen zu unterscheiden und gänzlich neue Werte und Bedürfnisse zu leben. Obwohl sich Studien zufolge ein Großteil der Unternehmen über diese unterstellte Relevanz der veränderten Einstellungen der Generation Y bewusst ist, erfolgt eine durchgängige Berücksichtigung derselben bei der Ausgestaltung von personalwirtschaftlichen Instrumenten und Strukturen noch nicht.

Lösungsansätze beschränken sich meist auf Empfehlungen hinsichtlich der generationsspezifischen technologischen Ausgestaltung von Arbeitsplätzen, der Ausrichtung des Werbeauftritts von Unternehmen oder des Employer Brandings, da angenommen wird, auf diese Weise die gewünschten Fachkräfte für das Unternehmen gewinnen zu können. Hieraus leitet sich die erste Forschungshypothese ab:

H1: Es lassen sich signifikante Unterschiede im Informationsbeschaffungsverhalten bzgl. eines potenziellen Arbeitgebers der Wahl zwischen den Generationen feststellen, die eine generationsspezifische Ausrichtung der Aktivitäten zur Mitarbeitergewinnung nahelegen.

Es wird jedoch angenommen, dass derartige instrumentell ausgerichtete Handlungsempfehlungen, die sich auf die veränderten Kommunikationsmuster der Millenials konzentrieren, nicht ausreichen.[156] „Um die Potenziale der Generation Y für das Unternehmen umfänglich nutzbar zu machen, ist vielmehr ein breit gefächerter Ansatz erforderlich, der entsprechend der Wertschöpfungskette im Personalmanagement sowohl die Gewinnung [...], die Entwicklung [...] als auch die Bindung [...] von Millenials umfasst."[157] Gemäß diesen Ausführungen leitet sich die Hypothese zwei ab:

H2: Es lassen sich signifikante Unterschiede zwischen der Generation Y und den vorhergehenden Generationen hinsichtlich der Arbeitgeberattraktivität beeinflussenden berufsbezogenen Bedürfnisse feststellen, die eine generationsspezifische Ausrichtung der personalwirtschaftlichen Aktivitäten nahelegen.

Ein Personalchef äußerte in Bezug auf die Millenials „Solange die Ansprüche [der Generation Y] erfüllt werden, sind die neuen Arbeitnehmer 150-prozentig loyal. Genügt der Arbeitgeber ihren Anforderungen nicht mehr, gehen sie ohne Schmerz."[158] Loyalität gegenüber dem Arbeitgeber bedeutet für die Generation Y „Just-in-time"-Loyalität: „You can turn them into long-term employees. You'll just have to do it one day at a time."[159] Hieraus leiten sich die Hypothesen drei und vier ab:

H3: Bezogen auf die Generation Y sagt der Grad der Erfüllung berufsbezogener Bedürfnisse die Mitarbeiterzufriedenheit vorher.

H4: Bezogen auf die Generation Y besteht ein negativer Zusammenhang zwischen Mitarbeiterzufriedenheit und Wechselabsichten des Unternehmens.

Gemäß einer Studie des IAB ist die durchschnittliche Beschäftigungsdauer der jungen Arbeitnehmer in den letzten zwei Jahrzehnten von 814 Tagen auf 536 Tage gesunken, was in etwa noch 18 Monaten entspricht.[160] Hieraus ergibt sich die letzte Hypothese:

---

[156] Vgl. Klaffke, M./ Parment, A. (2011): Herausforderungen und Handlungsansätze für das Personalmanagement von Millenials, in: Klaffke, M. (Hrsg.): Personalmanagement von Millenials, S. 15
[157] Ebenda
[158] Bund, K./ Heuser, U. J./ Kuntze, A. (2013): Wollen die auch arbeiten?, in Zeit Online (27. April 2013), http://www.zeit.de/2013/11/Generation-Y-Arbeitswelt
[159] Tulgan, B. (2009): Not everyone gets a trophy. How to manage generation y, S. 12 und S. 15
[160] Vgl. Bund, K./ Heuser, U. J./ Kuntze, A. (2013): Wollen die auch arbeiten?, in Zeit Online (27. April 2013), http://www.zeit.de/2013/11/Generation-Y-Arbeitswelt

_H5:_ _Bezogen auf die Generation Y besteht ein positiver Zusammenhang zwi-_
schen der Nicht-Erfüllung berufsbezogener Bedürfnisse und den Wechselab-
sichten des Unternehmens.

Abschließend kann zusammengefasst werden, dass es für die meisten Arbeitgeber
vermutlich kein gangbarer Weg ist, ein Unternehmen einzig und alleine auf die Anforderungen und Bedürfnisse einer neuen Generation abzustimmen. Jedoch kann es
von Vorteil sein, einzelne Perspektiven der Unternehmenskultur und des Wertesys-
tems zu hinterfragen und darauf zu untersuchen, ob sie in ihrem Inhalt noch zeitge-
mäß sind. Unter Umständen kommen viele Veränderungen und Adaptionen allen im
Unternehmen beschäftigten Generationen zu Gute.[161]

3.2   Forschungsdesign und Untersuchungsform

Die Durchführung der Untersuchung erfolgt mittels einer standardisierten Online-
Befragung, die anhand der in _Kapitel zwei_ dargelegten theoretischen Konzeptionen
entwickelt worden ist. Für die Untersuchung wurden hauptsächlich geschlossene
Fragen formuliert, um mittels späterer Datenauswertung die aufgestellten For-
schungshypothesen zu überprüfen. Den Probanden wird jedoch zu Ende des Online-
Fragebogens in einem offenen Antwortfeld die Möglichkeit gewährt, weitere Einflussfaktoren auf die Arbeitgeberattraktivität zu benennen sowie eventuelle Anmerkungen
und Kommentare zu geben, um ggf. neue Aspekte, die bei der Konzeption der Befragung möglicherweise unberücksichtigt blieben, aufzudecken.

Die quantitative Methode als Untersuchungsform wird gewählt, um im gegebenen
Untersuchungszeitraum einen möglichst großen Stichprobenumfang zu generieren,
und auf diese Weise zu versuchen, die verschiedenen teilnehmenden Untersuchungsgruppen miteinander vergleichbar zu machen. Weiterhin soll somit die Anwendung statistischer Prüfverfahren und eine objektive Messung und Quantifizierung
der Sachverhalte gewährleistet und die Überprüfung statistischer Zusammenhänge
ermöglicht werden. Korrelative Aussagen können folglich aufgrund des verwendeten

---

[161] Vgl. Deutsche Gesellschaft für Personalführung e.V. (Hrsg.) (2011): Zwischen Anspruch und Wirklichkeit: Generation Y finden, fördern und binden, S.25

Forschungsdesigns getroffen werden, kausale Aussagen sind jedoch mit Vorsicht zu interpretieren, da alle Variablen zu einem Messzeitpunkt erfasst wurden und dabei intervenierende Variablen oder Störvariablen nicht kontrollierbar waren. Ferner bietet die Untersuchungsmethode weniger Interpretationsspielraum als qualitative Erhebungsmethoden und trägt somit dem Gütekriterium der Objektivität Rechnung.

Der Online-Fragebogen wurde den Befragungsteilnehmern unter dem Link ‚*http://www.unipark.de/uc/Arbeitgeberattraktivitaet/*' zugänglich gemacht und war für den Zeitraum von drei Wochen (3.-24. Mai 2013) freigeschaltet. Nach Ende des Befragungszeitraumes wurde die Seite wieder offline gesetzt. Die Teilnahme an der Befragung war freiwillig und anonym.

3.3   Ziel der Untersuchung

Die vorliegende Untersuchung soll dazu beitragen, weitere Erkenntnisse zu maßgeblichen Arbeitgeberattraktivitätsfaktoren zu erhalten. Weiterhin wird versucht zu überprüfen, ob die Diskussion um eine neue Arbeitnehmergeneration und veränderte Wertvorstellungen zu Recht geführt wird oder ob sich die Generationen in ihren Entscheidungsparametern hinsichtlich eines Employers of Choice kaum differenzieren.

Andererseits verfolgt die Befragung das Ziel, Praktikern und Personalverantwortlichen im Unternehmen zu verdeutlichen, in welchen Bereichen der Personalarbeit es sich lohnt, Organisationskultur, Arbeitsplatzbedingungen sowie Attraktivitätsfaktoren anzugehen und entsprechende Akzente zu setzen.

3.4   Operationalisierung des Konstrukts Arbeitgeberattraktivität

Die Erfassung der verschiedenen Einflussgrößen des Konstrukts ‚Arbeitgeberattraktivität' erfolgte über den Online-Fragebogen. Dabei wurde versucht das Konstrukt umfassend zu umreißen und daher alle notwendig erscheinenden, teilweise jedoch substanziell unterschiedlichen Bereiche in die Befragung zu integrieren, u.a. bspw. eine attraktive Bezahlung, der direkte Vorgesetzte oder die Vereinbarkeit von Beruf und Privatleben.

Bei der Erarbeitung der Kriterien für die Untersuchung wurde ein dreidimensionaler Ansatz verfolgt. Die vielfältigen Quellen hinsichtlich Arbeitgeberattraktivität lassen sich grob in drei Bereiche untergliedern: wissenschaftliche Literatur und Fachartikel, aktuelle Umfragen und Studien sowie Websites und Stellenanzeigen von Unternehmen. Auf diese Weise kann ein wissenschaftlicher Bezug, ein Bezug zur Zielgruppe potenzieller Bewerber und zur Praxis hergestellt werden.[162]

Abbildung 13: Dreidimensionaler Ansatz zur Aufstellung der Arbeitgeberattraktivitätsfaktoren[163]

Bei der Betrachtung mehrerer Studien und Rankings zu Arbeitgeberattraktivität, kann festgestellt werden, dass sich die abgefragten Dimensionen der einzelnen Untersuchungen häufig stark ähneln.[164] Werden verwandte Begriffe und nahe Themenbereiche zusammengefasst, so können vorrangig die folgenden Dimensionen als einflussreiche Faktoren auf die Arbeitgeberattraktivität identifiziert werden: Strukturelle Eigenschaften des Unternehmens, Unternehmenskultur sowie -kommunikation, der Vorgesetzte, Arbeitsaufgabe sowie Arbeitsumfeld, als auch Weiterentwicklung und Vergütung.

---

[162] Vgl. Hauke Holste, J. (2012): Arbeitgeberattraktivität im demographischen Wandel, S. 26

[163] Quelle: Eigene Darstellung in Anlehnung an Hauke Holste, J. (2012): Arbeitgeberattraktivität im demographischen Wandel, S. 26

[164] Siehe hierzu Anhang A, in dem die Dimensionen einzelner Studien gegenübergestellt und verglichen wurden, u.a. der Great Place to Work, Bester Arbeitgeber Deutschland, Top Arbeitgeber Deutschland und Top Job.

Die Websites und Stellenanzeigen der Top 5 Arbeitgeber Deutschland[165] versuchen vor allem mit spannenden Aufgaben, interessanten Entwicklungsperspektiven, guter Teamatmosphäre und attraktiven Vergütungspaketen zu werben.

Die einzelnen Dimensionen und Indikatoren wurden anhand umfassender Auseinandersetzung mit den drei Bereichen Wissenschaft, Studien und Praxis zum aktuellen Stand der Arbeitgeberattraktivitätsforschung erarbeitet und mittels der einschlägigen personalwirtschaftlichen Literatur zum Thema Generation Y ergänzt. Die Clusterung und Zusammenfassung der einzelnen Indikatoren zu relevanten Dimensionen erfolgt dabei in Anlehnung an die in Abschnitt 2.4.1 vorgestellte ERG-Theorie von Alfelder.

---

[165] Die Top Arbeitgeber Deutschland beziehen sich hierbei auf das Trendence Young Professional Baromenter 2012 und sind gemäß dieser Befragung: (1.) BMW Group, (2.) Audi Group, (3.) Google, (4.) Siemens, (5.) Bosch Gruppe. Siehe hierzu Trendence Institut GmbH (21. April 2013), http://www.trendence.com/unternehmen/rankings/germany.html

Dimension	Indikator	Einzelitems	
Basis-bedürfnisse	Vergütung	- Bezahlung - Sozialleistungen	- Zusatzleistungen
	Unternehmens-situation	- Wirtschaftlichkeit des Unternehmens	- Sicherheit des Arbeitsplatzes
	Gesunde Arbeits-bedingungen	- Körperliche Unversehrtheit	- Psychische Belastung
	Familien-freundlichkeit	- Kinderbetreuung	- Elternzeitprogramme
	Strukturelle Anforderungen	- Standort	-Notwendigkeit von Umzügen
	Work-Life-Balance	- Überstunden - Wochenendarbeit - Dienstreisen	- Flexible Arbeitszeitmodelle - Entgrenzung von Arbeit und Privatleben
Soziale Bedürfnisse	Vorgesetzter	- Interesse an der Person - Motivation - Feedback/ Rückmeldung	- Klare Zielsetzung - Unterstützung
	Unternehmens-kultur	- Offene Kommunikation - Internes Unternehmertun	- Betriebsklima
	Soziale Beziehungen	- Teamwork - Networking	- Vertrauen zu Kollegen
	Unternehmens-image	- Ansehen und Prestige - Gesellschaftliches Engagement	- Verantwortungsvoller Ressourcenumgang
	Arbeitsumfeld	- Entscheidungsfreiheit - Moderne Technologien	- Transparente Regelwerke/ Richtlinien - Eindeutige Verantwortlichkeiten
	Anerkennung	- Lob und Wertschätzung	- Finanzielle Beteiligung
Wachstums-bedürfnisse	Arbeitsaufgabe	- Interessante Tätigkeit - Wechselnde Aufgaben	- Internationale Arbeitseinsätze - Selbstbestimmtheit
	Entfaltungs- & Entwicklungs-möglichkeiten	- Neues Wissen aneignen - Bezuschussung von Weiterbildung - Sabbatical	- Zugang zu verschiedenen Lernmöglichkeiten - Vielfalt an Weiterbildungs-möglichkeiten
	Karriere-, Laufbahnplanung	- Aufstiegsmöglichkeiten - Schnelle Karriere	- Coaching & Mentoring-Programme - Fach- und Projektlaufbahnen
	Verantwortung	- Führungsverantwortung	- Projektverantwortung
	Sinnstiftung	- Übereinstimmung eigener und Unternehmenswerte	- Identifikation mit den Zielen des Arbeitgebers

(Seitlich: Konstrukt: Arbeitgeberattraktivität)

Abbildung 14: Dimensionen, Indikatoren und Einzelitems zur Fragebogenentwicklung[166]

3.4.1 Fragebogenkonstruktion zur Erfassung der Attraktivitätsfaktoren

Die in Abbildung 14 aufgeführten Dimensionen und Indikatoren dienten als Basis zur Formulierung der einzelnen Fragen. Als Orientierungshilfe werden den Befragungs-teilnehmern sechs Bereiche vorgegeben, in die sich die einzelnen Fragen einordnen lassen.

A. Fragen zur Person und zum Unternehmen

B. Fragen zu Wechselabsichten des Unternehmens und zur Informationsbeschaf-fung bezüglich potenzieller Arbeitgeber

---

[166] Quelle: Eigene Darstellung

C. Fragen zu Basisbedürfnissen bezogen auf die Arbeit
D. Fragen zu sozialen Bedürfnissen bezogen auf die Arbeit
E. Fragen zu Wachstumsbedürfnissen bezogen auf die Arbeit
F. Freie Anmerkungsmöglichkeiten zu Einflussfaktoren auf die Arbeitgeberattraktivität

Die Daten der Fragen zu berufsbezogenen Bedürfnissen werden mittels Fünf-Punkte-Likert-Skalen erhoben. Die Probanden wurden dabei angehalten, die zu ermittelnden Einzelitems in Form einer Doppelskalierung zu beurteilen, d.h. das Vorhandensein eines potenziellen Attraktivitätskriteriums im derzeitigen Unternehmen sowie deren persönliche Relevanz des Kriteriums in Bezug auf einen idealen Arbeitgeber (vgl. nachfolgende Abbildung). Hiermit wird der Zweck verfolgt, zu überprüfen, ob eine hohe Diskrepanz der jeweiligen Ausprägungen beider Skalen mit einer erhöhten Wechselbereitschaft des Unternehmens korreliert.[167]

Vorhandensein								Wichtigkeit						
Trifft vollkommen zu	Trifft eher zu	Trifft teilweise zu	Trifft eher nicht zu	Trifft nicht zu	Keine Angabe	Mit Hilfe der **linken** Skala sollen Sie beurteilen, inwiefern das jeweilige Kriterium in Ihrem **derzeitigen Unternehmen gegeben** ist bzw. inwieweit die Aussagen für Sie persönlich auf Ihr derzeitiges Unternehmen bezogen **zutreffen**.		Mit Hilfe der **rechten** Skala sollen Sie beurteilen, wie **wichtig** das jeweilige Kriterium grundsätzlich für Sie in Bezug auf einen **idealen** Arbeitgeber ist.	Sehr wichtig	Wichtig	Teilweise wichtig	Eher unwichtig	Vollkommen unwichtig	Keine Angabe
☐	☐	☐	☐	☐	☐	Zufriedenheit mit der Bezahlung			☐	☐	☐	☐	☐	☐
☐	☐	☐	☐	☐	☐	Bezug von umfangreichen Sozialleistungen			☐	☐	☐	☐	☐	☐

Abbildung 15: Beispielfrage zur Doppelskalierung der Untersuchung[168]

Von der Benutzung der sieben-stufigen-Likert-Skala wird abgesehen, da der Erkenntnisgewinn vernachlässigbar erscheint und viele Probanden ihre Antworten vermutlich nicht derart akkurat differenzieren können.

[167] Zur Verdeutlichung sei hier ein Bsp. genannt: ‚Mir ist die Zufriedenheit mit der Bezahlung bei einem idealen Arbeitgeber sehr wichtig, jedoch trifft dies bei meinem derzeitigen Unternehmen nicht zu, daher plane ich einen baldigen Jobwechsel zu einem anderen Arbeitgeber'
[168] Quelle: Eigene Darstellung

3.4.2 Erfassung der Generationsunterschiede zu Einflussgrößen auf die Arbeitgeberattraktivität

Zur Operationalisierung der Generationsunterschiede wurden die Befragungsteilnehmer gebeten, Angaben bezüglich ihres Geburtsjahres und der entsprechenden Generationseinteilung zu vervollständigen. Um eventuelle intervenierende Faktoren neben der Generationszugehörigkeit untersuchen zu können, wurden die Probanden weiterhin gebeten, ihr Geschlecht, ihren Familienstand, ihren höchsten Bildungsabschluss, ihre Position im derzeitigen Unternehmen, ihre einschlägige Berufserfahrung sowie die Größe ihres derzeitigen Arbeitgebers preiszugeben. Mithilfe dieser Angaben erfolgten Gruppenvergleiche zwischen den verschiedenen Teilstichproben, die auf Signifikanz untersucht wurden.

3.4.3 Erfassung der Notwendigkeit zur generationsspezifischen Ausrichtung der Personalaktivitäten

Die Überprüfung der Notwendigkeit zur generationsspezifischen Ausrichtung der Personalaktivitäten wurde ebenfalls durch Gruppenvergleiche realisiert. Fragen nach dem Informationsverhalten der Probanden in Bezug auf einen potenziellen Arbeitgeber sollten Aufschluss darüber geben, ob eine generationsspezifische Ausrichtung der Personalgewinnungsaktivitäten, respektive deren Marketing- und Rekrutierungsaktivitäten als gerechtfertigt erscheint.

Die Ermittlung des Erfordernisses zur spezifischen Anpassung der Personalentwicklungsaktivitäten erfolgte über die Skalen *Entfaltungs- und Entwicklungsmöglichkeiten* sowie *Karriere-, Laufbahn- und Nachfolgeplanung* (Beispielitem: *Beurteilen Sie, wie wichtig Ihnen der Zugang zu verschiedenen Lernmöglichkeiten in Bezug auf einen idealen Arbeitgeber ist.*) Den Befragten standen zur Beurteilung der Skalen-Einzelitems die Antwortmöglichkeiten „sehr wichtig", „wichtig", „teilweise wichtig", „eher unwichtig" und „vollkommen unwichtig" zur Verfügung. Signifikante Gruppenunterschiede sollten auch hier zur Überprüfung dienen.

Die Notwendigkeit zur generationsspezifischen Adaption der Personalbindungsmaß-nahmen wurde über die Ermittlung des Zusammenhangs ausgewählter Skalen auf die Fragen „Wie zufrieden sind Sie mit Ihrem aktuellen Arbeitsplatz?" und „Wann planen Sie Ihren nächsten Jobwechsel?" erfasst. Signifikante Gruppenunterschiede sollten auch hier ggf. die Rechtfertigung bestätigen.

3.4.4 Erfassung der Nichterfüllung berufsbezogener Bedürfnisse und resultierender Wechselabsichten

Um den Grad der Nichterfüllung berufsbezogener Bedürfnisse in Bezug auf den der-zeitigen Arbeitgeber zu erfassen, wurden die Befragungsteilnehmer gebeten, zusätz-lich zur Beurteilung der Wichtigkeit aufgeführter Skalen-Einzelitems in Form einer Doppelskalierung auch das Vorhandensein des jeweiligen Kriteriums bezogen auf den aktuellen Arbeitgeber einzuschätzen (Vgl. Abb. 15). Die Differenz der Skalen sollte in Korrelation mit der Frage: "Wann planen Sie ihren nächsten Jobwechsel?" gesetzt werden und auf diese Weise der Verifizierung der Hypothese „Bezogen auf die Generation Y besteht ein Zusammenhang zwischen der Nicht-Erfüllung berufs-bezogener Bedürfnisse und der Wechselabsichten des Unternehmens." dienen.

3.5 Rahmenbedingungen und Vorgehen

3.5.1 Pre-Test

Der Fragebogen wurde in seiner ursprünglichen Papierform von zwei befreundeten Personalreferentinnen und dem betreuenden Professor ausgewertet, um Hinweise zur Eindeutigkeit und Verständlichkeit der Fragen sowie des Aufbaus zu erhalten als auch inhaltliche Verbesserungsvorschläge aufzunehmen. Nach anschließender Dis-kussion der Inhalte wurde der Fragebogen in den Bereichen der Fragen zur Person (A) und den Fragen zu Wechselabsichten des Unternehmens (B) von 14 auf 12 Fra-gen gekürzt und die anhand der fünfstufigen-Likert-Skalen zu bewertenden State-ments hinsichtlich berufsbezogener Bedürfnisse (C-E) von 72 auf 53 reduziert. So wurden bspw. Items eliminiert, die sich als schwer verständlich oder redundant mit anderen Items herausstellten.

Nach den entsprechenden Überarbeitungen wurde der Fragebogen[169] mittels der Software ‚EFS Survey Globalpark Enterprise Feedback Suite 8.0' (Unipark) online programmiert und drei weiteren fachbereichsfremden Personen, die nicht im Personalwesen tätig waren zur Auswertung vorgelegt. Dies diente der Überprüfung der Allgemeinverständlichkeit und Anwendbarkeit der Untersuchung. Hierbei wurde darauf geachtet, dass die entsprechenden Testpersonen aus allen relevanten Untersuchungsgruppen stammten, d.h. eine Testperson der Generation Y, eine Testperson der Generation X sowie einer Testperson der Generation Baby Boomers.

3.5.2 Gewinnung der Stichprobe

Um die Befragung einer breiten Öffentlichkeit zugänglich zu machen und eine möglichst hohe Stichprobengröße für die Untersuchung zu generieren, erfolgte die Rekrutierung der Probanden auf verschiedene Wege:

- Via Email wurde der Aufruf zur Teilnahme an der Studie an bestehende, erwerbstätige Kontakte der Untersuchungsleiterin versandt. Verbunden war diese, neben dem Gesuch an der Untersuchung teilzunehmen, mit der Bitte, die Anfrage im Sinne eines Schneeballsystems an weitere erwerbstätige Personen zu versenden.

- Ebenfalls per Email wurden Studierende der Fakultät für Tourismus der Hochschule München über die Befragung informiert und zur Teilnahme sowie zur Weiterleitung der Studie animiert

- Weiterhin wurden Informationen zur Studie mit anschließendem Teilnahmeappell auf dem ‚schwarzen Brett' des Online-Portals der SRH Fernhochschule Riedlingen platziert

- Außerdem wurden verschiedene Social Media Portale genutzt, um potenzielle Befragungsteilnehmer für die Studie zu gewinnen. Dies umfasst im Einzelnen die Ansprache aller Xing-Kontakte der Untersuchungsleiterin sowie die Veröffentlichung des Teilnahmegesuchs an der Studie in den Xing-Gruppen ‚Alumni Hochschule München', ‚Xing Hotelier' sowie ‚SRH Riedlingen – Masterstudiengang Wirtschaftspsychologie'.

---

[169] Siehe hierzu Anhang B

- Als weiterer Kanal wurde die Social Media Plattform Facebook genutzt und alle Kontakte der Untersuchungsleiterin gebeten, sich an der Studie zu beteiligen und die Informationen zur Untersuchung mit weiteren Facebook Kontakten zu teilen.

Von der Schaffung von Anreizen zur Befragungsteilnahme wie bspw. die Verlosung eines Preises wurde Abstand genommen, lediglich die Möglichkeit der späteren Ergebnisbereitstellung diente als Ansporn.

Aufgrund des gewählten Vorgehens kann die gewonnene Stichprobe als ad-hoc-Stichprobe oder Gelegenheitsstichprobe[170] bezeichnet werden und zählt somit zu den nicht-probabilistischen Stichproben[171]. Aufgrund der internetbasierten Untersuchungsform war es nicht möglich, Einfluss darauf zu nehmen, wann, wo und unter welchen Bedingungen die Daten der Probanden generiert wurden. Die Teilnahme an der Studie war von jedem internetfähigen Endgerät möglich und die Beeinflussung von Störgrößen daher nicht gegeben.

3.5.3 Datenauswertung

Die Datenverarbeitung und -analyse erfolgte mittels des Computerprogrammes SPSS Statistics Version 20.0. Neben Verfahren zur Ermittlung deskriptiver Statistiken der Stichprobe (Mittelwerte, absolute und relative Häufigkeiten etc.) kamen folgende statistische Verfahren zum Einsatz:

Zur Reliabilitätsprüfung wurde die interne Konsistenz als Maß der Skalenhomogenität für alle Skalen, die im Vorfeld anhand von Literaturrecherche erarbeitet wurden,

---

[170] Bei der Ad-hoc-Stichprobe bzw. Gelegenheitsstichprobe handelt es sich um bei der Untersuchung gerade zur Verfügung stehende oder leicht zugängliche Personen (z.B. Passantenbefragung). Da umgangssprachlich häufig darauf verwiesen wird, nach dem ‚Zufallsprinzip' vorgegangen zu sein, werden Ad-hoc-Stichproben fälschlicherweise häufig als Zufallsvariablen beschrieben. Die Generalisierbarkeit der Ergebnisse auf die Gesamtpopulation ist bei der Gelegenheitsstichprobe im Vergleich zur Zufallsstichprobe verhältnismäßig gering. Siehe hierzu Bortz, J./ Döring, N. (2006): Forschungsmethoden und Evaluation. Für Human und Sozialwissenschaftler, S. 401 und Guttmann, G. (Hrsg.) (1994): Allgemeine Psychologie. Experimentalpsychologische Grundlagen, S. 4

[171] Stichproben bei denen eine Auswahl aus der Population in der Weise erfolgt, dass die Elemente die gleiche (oder zumindest eine bekannte) Auswahlwahrscheinlichkeit haben, nennt man probabilistische Stichproben. Sind die Auswahlwahrscheinlichkeiten dagegen unbekannt, spricht man von nicht-probabilistischen Stichproben. Siehe hierzu Bortz, J./ Döring, N. (2006): Forschungsmethoden und Evaluation. Für Human und Sozialwissenschaftler, S. 402

durch Cronbach's α überprüft. Nachdem Cronbach's α für einige der angewandten Skalen nicht dem üblichen Maß von α=,70 entsprachen, wurde jede Bedürfnisklasse mit den dazugehörigen Items einer Faktorenanalyse unterzogen. Dies diente dem Ziel festzustellen, auf welche gemeinsamen Faktoren die einzelnen Items hochluden. Die auf diese Weise extrahierten Faktoren wurden den späteren Analysen zu Grunde gelegt. Die durch die Faktorenanalyse z-standardisierten Faktorwerte wurden zur Vereinfachung und zur besseren Nachvollziehbarkeit für die weitere Auswertung in Skalenwerte gemäß der ursprünglichen Skalierung retransformiert und die Richtigkeit des Vorgehens anhand der Faktorkongruenz überprüft.

Zur Feststellung von Zusammenhangsannahmen zwischen Variablen fanden für ordinal skalierte Variablen die Berechnung des Rangkorrelationskoeffizienten nach Spearman, für metrisch skalierte Variablen die Berechnung des Korrelationskoeffizienten nach Pearson statt.

Mittelwertunterschiede zwischen mehreren Gruppen wurden mittels Varianzanalysen realisiert, bevor für anschließende A-Posteriori-Tests zur paarweisen Testung Post-Hoc-Mehrfachvergleiche via Scheffé durchgeführt wurden. Die Überprüfung des angenommenen Modells der Vorhersagbarkeit der Zufriedenheit mit einem Arbeitgeber (und somit der in der vorliegenden Arbeit gleichgesetzten Arbeitgeberattraktivität) durch die Erfüllung berufsbezogener Bedürfnisse, erfolgt durch die Berechnung multipler Regressionen.

4 Wunschprofil potenzieller Bewerber – Ergebnisse der empirischen Untersuchung

Im folgenden Kapitel werden die Ergebnisse der empirischen Befragung abgebildet. Nach einer Deskription der Daten der für die vorliegende Studie gewonnenen Stichprobe folgt eine kurze Erläuterung der Probandenantworten auf die offene Frage. Weiterhin werden die auf Grundlage der theoretischen Konzeptionen entwickelten Hypothesen anhand der empirischen Daten überprüft.

4.1 Deskriptive Analysen

4.1.1 Beschreibung der gewonnenen Stichproben

4.1.1.1 Generationseinteilung

An der vorliegenden Untersuchung nahmen insgesamt 438 Personen teil, von denen 184 männlich (42%) und 254 weiblich (58%) waren. 249 Personen gehörten der Generation Y an (Geburtsjahr 1980-2000), 130 Personen der Generation X (Geburtsjahr 1965-1979), 56 Personen waren der Generation Babyboomers zugehörig (Geburtsjahr 1946-1964) und 3 Personen zählten zur Generation Veterans (geboren vor 1946).

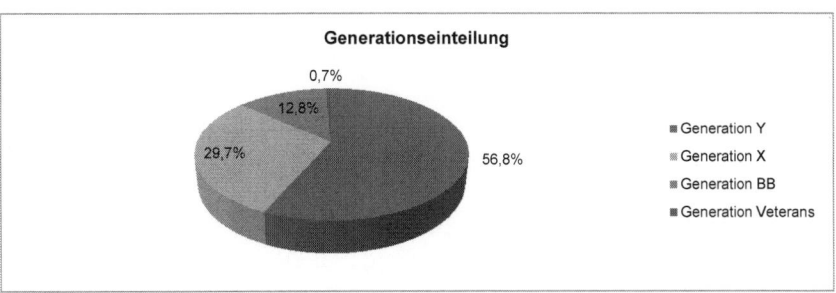

Abbildung 16: Geburtsjahr und entsprechende Generationseinteilung

Für die weitere Betrachtung der erhobenen Forschungsdaten werden im Folgenden nur die drei Teilstichproben Generation Y, Generation X und Generation Baby Boomers beleuchtet, so dass im Weiteren von einer Gesamtstichprobe von n=435 berichtet wird. Da für die vorliegende Arbeit vor allem die Stichprobe der Generation Y von besonderem Interesse ist, wird diese Gruppe zusätzlich im Detail betrachtet.

4.1.1.2 Höchster Bildungsabschluss

Bezogen auf die Gesamtstichprobe hatten 5 Personen (1,1%) promoviert, 194 Personen (44,6%) besaßen einen Hochschulabschluss, 66 Personen (15,2%) hatten einen anerkannten Fortbildungsgang absolviert, 157 Personen (36,1%) verfügten über den Abschluss eines anerkannten Ausbildungsberufes und 13 (3,0%) Personen hatten keine Ausbildung absolviert.

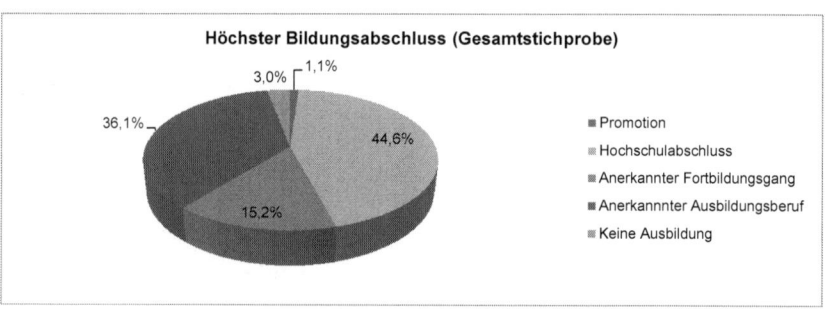

Abbildung 17: Höchster Bildungsabschluss Gesamtstichprobe (n=435)

Bei der näheren Betrachtung der Teil-Stichprobe Generation Y zeigte sich folgendes Bild. Eine Person hatte promoviert (0,4%), 118 Personen verfügten über einen Hochschulabschluss (47,4%), 24 Personen hatten einen anerkannten Ausbildungsgang absolviert (9,6%), 96 Personen verfügten über eine anerkannte Ausbildung (38,6%) und 10 Personen hatten keine Ausbildung (4,0%).

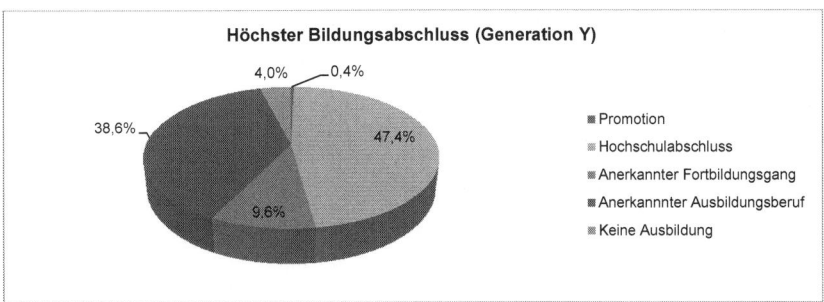

Abbildung 18: Höchster Bildungsabschluss Generation Y (n=249)

4.1.1.3 Derzeitige Position im Unternehmen

Neben der fachlichen Ausbildung wurde weiterhin nach der derzeitigen Position im Unternehmen gefragt. 123 Personen gaben an in einer leitenden Funktion mit Personalverantwortung tätig zu sein (28,3%), 225 Personen waren in einem Angestelltenverhältnis in Vollzeit beschäftigt (51,6%), weitere 42 Personen gingen einem Angestelltenverhältnis in Teilzeit nach (9,7%), 10 Personen arbeiteten als freie Mitarbeiter oder Freelancer (2,3%), 29 Personen waren zur Zeit der Befragung Praktikant oder Student (6,7%) und 6 Personen standen in einem Ausbildungsverhältnis (1,4%).

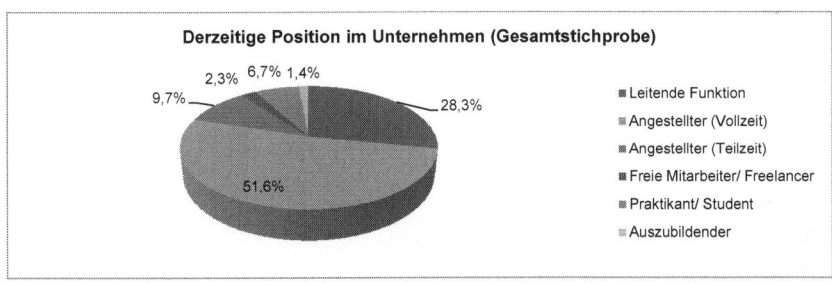

Abbildung 19: Derzeitige Position im Unternehmen der Befragungsteilnehmer - Gesamtstichprobe (n=435)

Bezogen auf die Teilstichprobe Generation Y hatten 50 Personen eine leitende Funktion (20,1%), 146 Personen (58,6%) waren Angestellte in Vollzeit, 13 Personen Angestellte in Teilzeit (5,2%), 5 Personen waren freie Mitarbeiter oder Freelancer (2,0%), 29 Personen waren Praktikant oder Student (11,6%) und 6 Personen waren Auszubildende (2,4%).

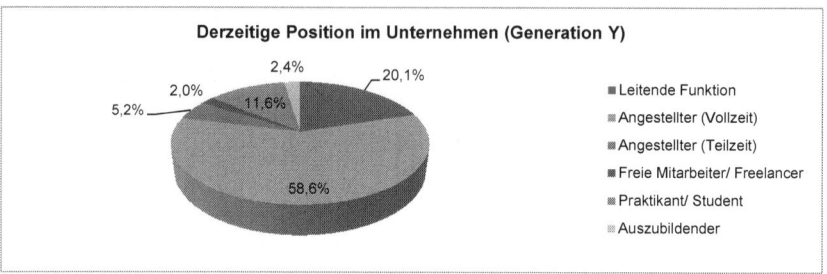

Abbildung 20: Derzeitige Position im Unternehmen der Generation Y (n=249)

4.1.1.4 Einschlägige Berufserfahrung

Die Frage nach der einschlägigen Berufserfahrung (BE) ergab die folgenden Antworten: 10 Personen (2,3%) verfügten bisher über keine BE, 17 Personen (3,9%) über weniger als 1 Jahr BE, 38 Personen (8,7%) über weniger als 2 Jahre, 100 Personen (23,0%) über weniger als 5 Jahre, 98 Personen (22,5%) über weniger als 10 Jahre, 51 Personen (11,7%) über weniger als 15 Jahre und 121 (27,8%) über mehr als 15 Jahre BE.

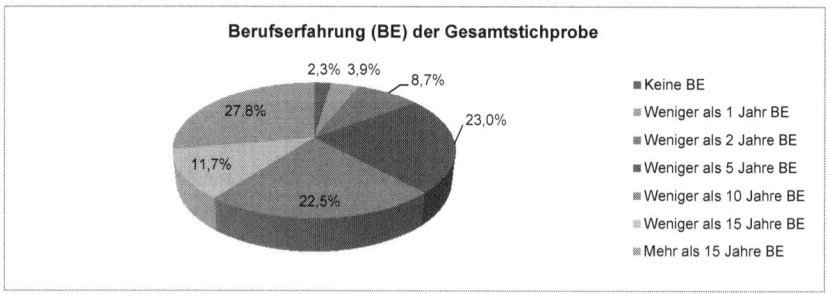

Abbildung 21: Einschlägige Berufserfahrung der Gesamtstichprobe (n=435)

Bezogen auf die Generation Y gaben 10 Personen an noch keine BE zu haben
(4,0%), 16 Personen hatten weniger als 1 Jahr BE (6,4%), 38 Personen hatten weniger als 2 Jahre BE (15,3%), 90 Personen hatten weniger als 5 Jahre BE (36,1%), 70
Personen hatten weniger als 10 Jahre BE (28,1%), 22 Personen hatten weniger als
15 Jahre BE (8,8%) und 3 Personen verfügten über mehr als 15 Jahre BE (1,2%).

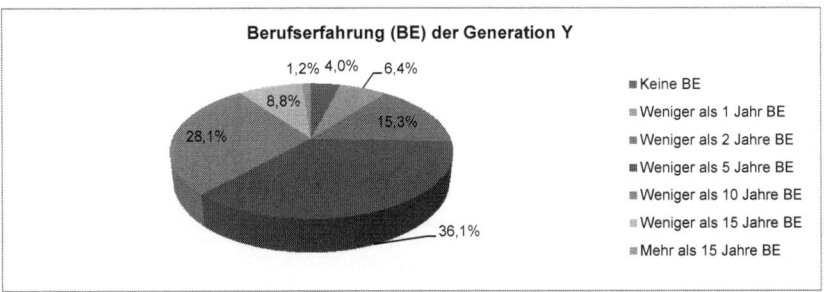

Abbildung 22: Einschlägige Berufserfahrung der Generation Y (n=249)

4.1.1.5 Unternehmensgröße

Befragt nach der Größe des Wirtschaftsunternehmens (WU), in dem die Probanden
tätig waren, antworteten 17 Personen (3,9%) in einem WU mit weniger als 10 Mitarbeitern (MA) beschäftigt zu sein, 48 Personen (11,0%) waren in einem WU mit weniger als 50 MA tätig, 115 Personen (26,4%) waren in einem WU mit weniger als 250
MA beschäftigt, 52 Personen (12,0%) arbeiteten in einem WU mit weniger als 500
MA und 167 Personen (38,4%) waren in einem WU mit mehr als 500 MA tätig. Auf
36 Personen (8,3%) der Befragungsteilnehmer traf diese Frage nicht zu, da sie Freiberufler oder Staatsangestellte waren.

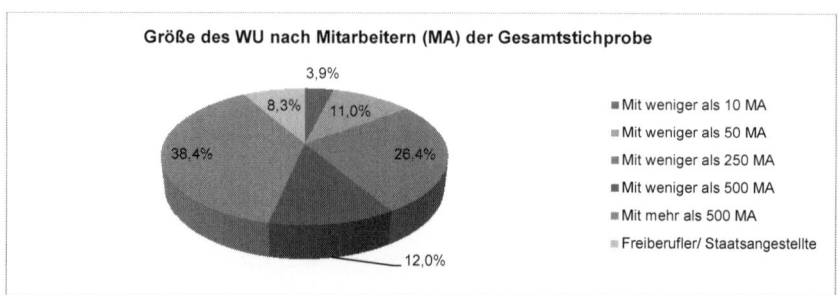

Abbildung 23: Unternehmensgröße - Gesamtstichprobe (n=435)

Bezogen auf die Generation Y arbeiteten 8 Personen in einem WU mit weniger als 10 MA (3,2%), 27 Personen in einem WU mit weniger als 50 MA (10,8%), 77 Personen in einem WU mit weniger als 250 MA (30,9%), 24 Personen in einem WU mit weniger als 500 MA (9,6%) und 93 Personen in einem WU mit mehr als 500 MA (37,3%). Bei 20 Personen (8,0%) war die Frage ebenfalls für diese Teilstichprobe nicht zutreffend, da sie Freiberufler oder Staatsangestellte waren.

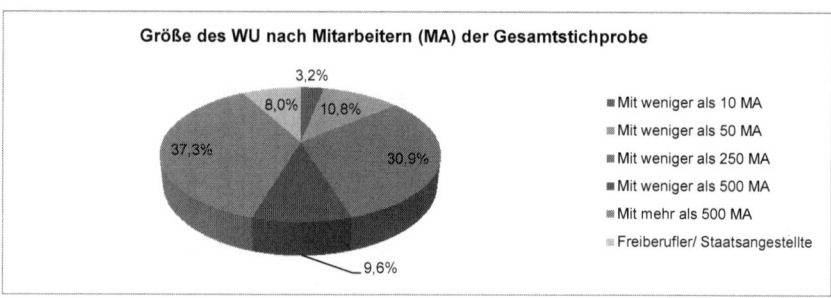

Abbildung 24: Unternehmensgröße - Generation Y (n=249)

4.1.2 Beschreibung der abhängigen Variablen

4.1.2.1 Mitarbeiterzufriedenheit

Die nachfolgende Abbildung zeigt die prozentualen Ergebnisse auf die Frage, wie zufrieden die Probanden mit ihrem aktuellen Arbeitsplatz sind – einmal für die Gesamtstichprobe und einmal zur näheren Betrachtung für die Gen Y:

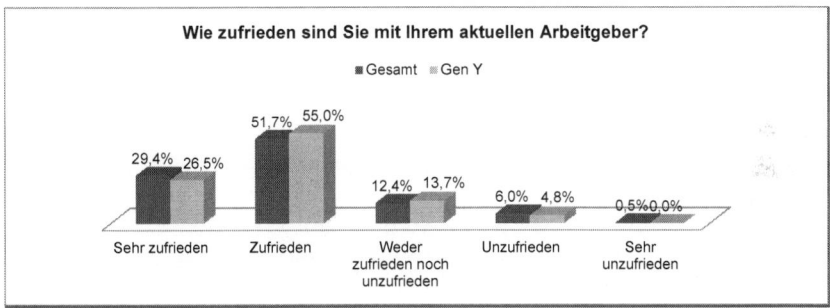

Abbildung 25: Zufriedenheit mit dem Arbeitgeber (n=435/ 249)

4.1.2.2 Unternehmenszugehörigkeit

Die Antworten auf die Frage, wie lange die Befragungsteilnehmer bereits für ihr derzeitiges Unternehmen tätig sind, sind in der nachfolgenden Abbildung aufgeführt:

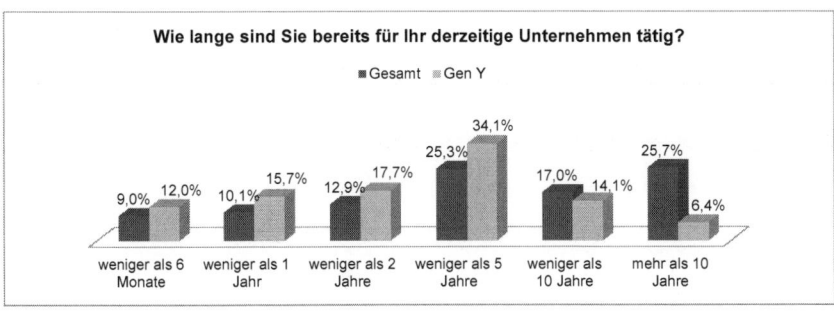

Abbildung 26: Unternehmenszugehörigkeit beim derzeitigen Arbeitgeber (n=435/ 249)

4.1.2.3 Aufstiegsmöglichkeiten

Die Frage, wann die Probanden selbst realistisch mit der nächsten Beförderung rechnen, wurde von der Gesamtstichprobe und im Detail von der Generation Y folgendermaßen beantwortet:

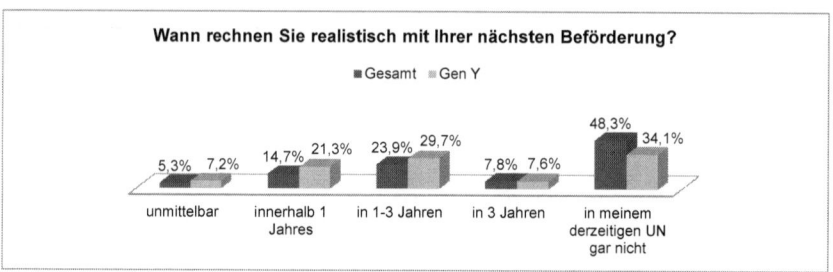

Abbildung 27: Aufstiegsmöglichkeiten im Unternehmen (n=435/ 249)

4.1.2.4 Wechselwunsch des Unternehmens

Gefragt nach den persönlichen Wechselabsichten des Unternehmens, wurden die folgenden Angaben gemacht:

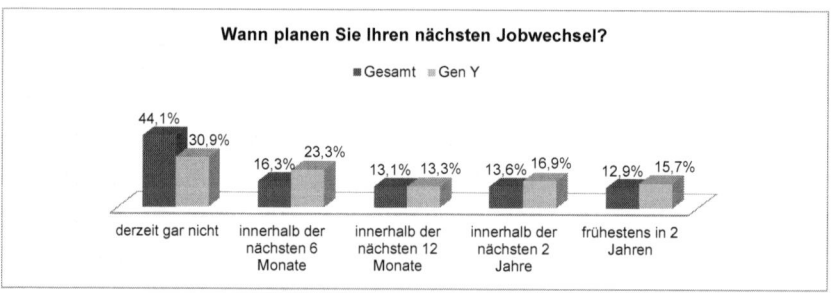

Abbildung 28: Wechselwunsch des Unternehmens (n=435/ 249)

4.1.3 Beschreibung der unabhängigen Variablen

4.1.3.1 Dimension: Informationsverhalten

Die Antworten auf die Frage, wie die Probanden auf ihren derzeitigen Arbeitgeber aufmerksam wurden, sind in nachfolgender Tabelle dargestellt.

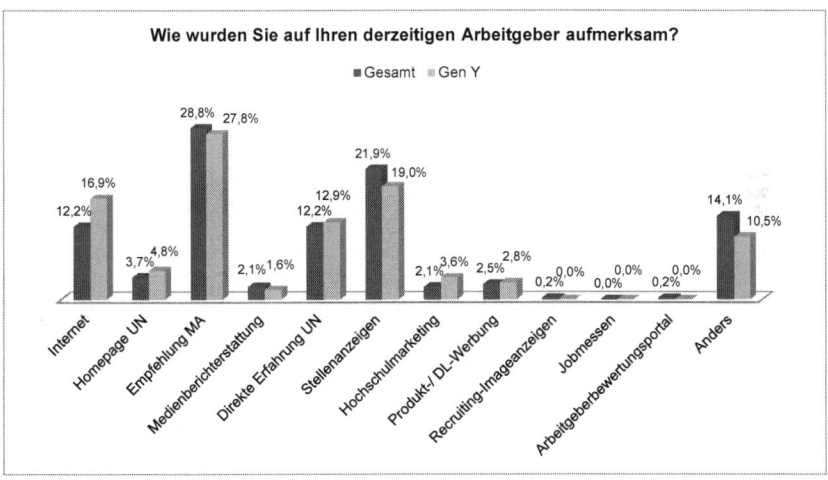

Abbildung 29: Aufmerksamkeit auf den derzeitigen Arbeitgeber (n=434/ 248)

Traf keine der vorgegebenen Antwortmöglichkeiten auf die Befragungsteilnehmer zu, konnten sie im Feld ‚Anders' vermerken, auf welche Weise sie auf ihren derzeitigen Arbeitgeber aufmerksam wurden. Weitere Quellen, die in diesem Zusammenhang vielfach genannt wurden, waren die Bundesagentur für Arbeit, der Erstkontakt über Zeitarbeitsfirmen und Personalüberlassungen, der Kontakt über Kundenbeziehungen zum Unternehmen, Headhunter und Social Media Kanäle wie bspw. Xing, die direkte Ansprache durch das Unternehmen sowie vorherige Tätigkeit als Werkstudent, Diplomand oder Doktorand.

4.1.3.2 Dimension: Berufsbezogene Basisbedürfnisse

In der Befragung wurden die Teilnehmer gebeten, eine Reihe möglicher berufsbezogener Bedürfnisse zu bewerten, welche die Arbeitgeberattraktivität möglicherweise
beeinflussen. Dabei sollte zum einen eingeschätzt werden, welche Wichtigkeit die
Bedürfnisse in Bezug auf einen idealen Arbeitgeber für die Probanden hatten, zum
anderen sollte beurteilt werden, in welchem Maße die Erfüllung der Bedürfnisse im
derzeitigen Unternehmen gegeben ist. Die folgende Abbildung zeigt die Mittelwerte
der Ergebnisse der beiden Einschätzungen für die Gesamtstichprobe hinsichtlich berufsbezogener Basisbedürfnisse.

Abbildung 30: Basisbedürfnisse - Wichtigkeit vs. Vorhandensein (n=435)

4.1.3.3 Dimension: Berufsbezogene Soziale Bedürfnisse

Die folgende Abbildung zeigt die Mittelwerte der Ergebnisse der beiden Einschätzungen ‚Wichtigkeit' und ‚Vorhandensein' für die Gesamtstichprobe hinsichtlich berufsbezogener sozialer Bedürfnisse.

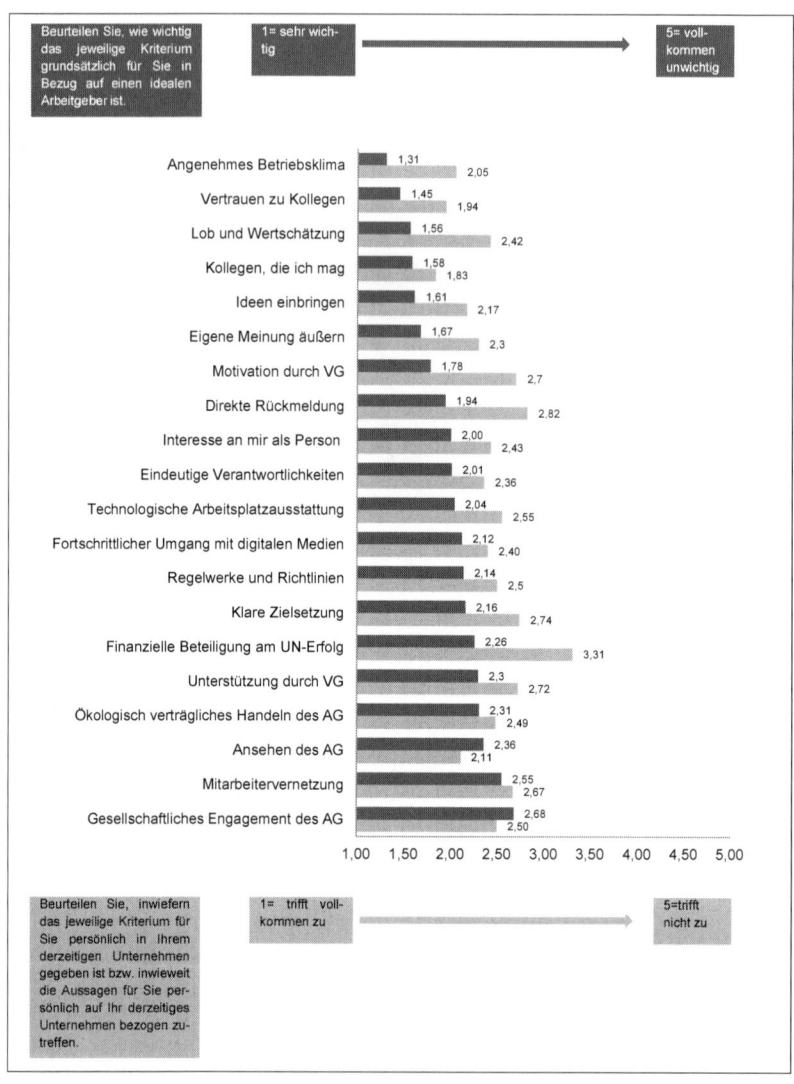

Abbildung 31: Soziale Bedürfnisse - Wichtigkeit vs. Vorhandensein (n=435)

4.1.3.4 Dimension: Berufsbezogene Wachstumsbedürfnisse

Die folgende Abbildung zeigt die Mittelwerte der Ergebnisse der beiden Einschätzungen ‚Wichtigkeit' und ‚Vorhandensein' für die Gesamtstichprobe hinsichtlich berufsbezogener Wachstumsbedürfnisse.

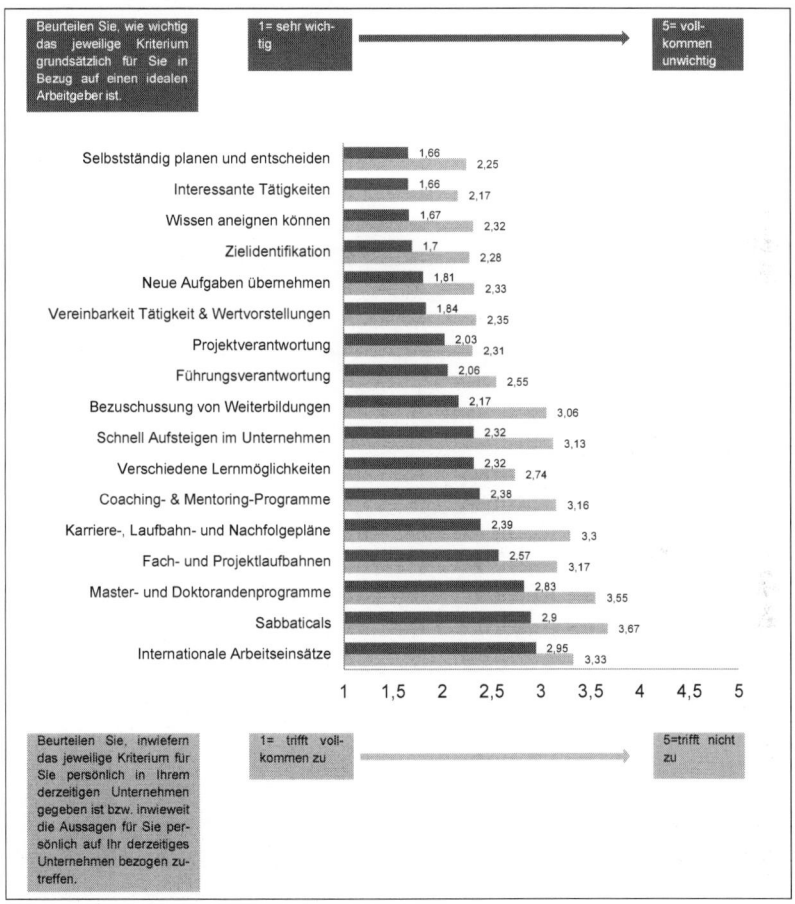

Abbildung 32: Wachstumsbedürfnisse - Wichtigkeit vs. Vorhandensein (n=435)

Unterschiede zwischen den Generationen hinsichtlich berufsbezogener Bedürfnisse werden in einem späteren Abschnitt näher beschrieben.

4.1.4 Darstellung der Ergebnisse der offenen Frage

Am Ende der Befragung wurde den Teilnehmern in einem offenen Antwortfeld die Möglichkeit gegeben, weitere Arbeitgeberattraktivitätsfaktoren zu nennen, die bisher in dem Online-Fragebogen unberücksichtigt blieben bzw. weiter Anmerkungen und Kommentare zu geben. Da das Hauptaugenmerk der vorliegenden Studie auf der quantitativen Auswertung der Einzelitems und der Berechnung deren Zusammenhänge lagen, wurden die Antworten nicht qualitativ ausgewertet. Ein Überblick über die geleisteten Angaben soll dennoch im Folgenden skizziert werden:

66 Personen machten von der Möglichkeit des freien Textfeldes Gebrauch. Die Befragten hoben vor allem Wertschätzung, interessante Arbeitstätigkeiten, den direkten Vorgesetzten sowie ein positives Betriebsklima als wichtigste Einflussgrößen auf Arbeitgeberattraktivität hervor. Auch flexible Arbeitszeiten und das Angebot an Entwicklungsmöglichkeiten wurden mehrfach als wichtige Faktoren genannt. Ebenso wurden die Möglichkeit zur Einflussnahme als auch die Vergütung als wichtige Kriterien vielfach aufgezählt.

Optimierungsbedarf wurde von den Teilnehmern hinsichtlich der Karrieremöglichkeiten gesehen und der Wunsch nach größerer Transparenz im Beförderungssystem wurde herausgestellt. So sollten Beförderungen nach tatsächlicher Leistung vollzogen werden und nicht nach Zugehörigkeitsjahren im Betrieb. Ferner wurde bemängelt, dass Unternehmen häufig Karriereaussichten während des Bewerbungsprozesses in Aussicht stellten, den Worten nach vollzogener Rekrutierung jedoch keine Taten folgen ließen.

Kritik an der Studie wurde dahingehend geäußert, dass die Fragestellung die Tätigkeit als Selbstständiger oder die Beschäftigung im öffentlichen Dienst als Befragungsteilnehmer nicht in ausreichendem Maße berücksichtige. Zwei Personen vermissten Fragen zu Gleichstellung von Mann und Frau als Attraktivitätsfaktor hinsichtlich eines Arbeitgebers, insbesondere in Bezug auf das Gehalt. Eine Person bemängelte einen fehlenden Praxisbezug der Studie.

4.2   Datenaggregation

4.2.1 Beschreibung der Skalenwerte

Da in der vorliegenden Studie für die Erfassung der zu untersuchenden Bedürfnisklassen sowie des zugrundeliegenden Konstrukts ‚Arbeitgeberattraktivität' eine große
Anzahl an Items gemessen wurden, wurden diese Daten zur Erleichterung weiterer
Analysen gemäß der einschlägigen personalwirtschaftlichen Literatur bereits im Vorfeld zu Skalen gruppiert.[172] Es erschien notwendig die Reliabilität der literaturbasier-
ten Skalen vor der Auswertung der Daten zu überprüfen. Dies hatte zum Ziel zu kon-
trollieren, ob es auch empirisch gerechtfertigt erschien, die Items aus denen eine
Skala bestand als zusammenhängendes Merkmal zu verstehen. Cronbach's α als
Maß für die interne Konsistenz von Skalen war in zehn Fällen niedriger als das übli-
che Maß von von α=.70. Dies war insbesondere für die Skalen Vergütung (α=,547),
Unternehmenssituation (α=,377), strukturelle Anforderungen (α=,299), Work-Life-
Balance (α=,550) und Anerkennung (α=,362) der Fall. Die Skalen soziale Beziehungen (α=,612), Arbeitsumfeld (α=,658), Arbeitsaufgabe (α=,675) und Verantwortung
(α=,692) verfehlten den Wert nur knapp.[173]

4.2.2 Faktorenanalyse

4.2.2.1 Vorhergehende Überlegungen

Nachdem die Einzelitems einiger Skalen nach der Bestimmung von Cronbach's α
ergaben, nicht in ausreichendem Maße korrelativ in Beziehung zu stehen, um die zu
untersuchenden Merkmale der einzelnen Bedürfnisklassen verlässlich zu erfassen,
wurden die Items pro Bedürfnisklasse einer Faktorenanalyse unterzogen.[174]

---

[172] Siehe hierzu den Fragebogen in Anhang B
[173] Siehe hierzu die zusammenfassende Darstellung der Skalenwerte gemäß Fragebogen vor der
Faktorenanalyse in Anhang C
[174] Die Grundidee einer Faktorenanalyse besteht darin, aus einer bestimmten und meist größeren Anzahl empirisch beobachteter und ‚gleichberechtigter' metrischer Variablen aufgrund ihrer korrelati-
ven Beziehungen eine kleinere Anzahl ‚neuer' und voneinander unabhängiger Variablenkonstrukte
in Gestalt von Faktoren zu extrahieren. Ermöglichen diese extrahierten Faktoren eine sachlogische
plausibel zu benennende Klassifikation der empirisch beobachteten Variablen, dann können sie die
Basis für weitere statistische Analysen bilden. Siehe hierzu Eckstein, P. (2006): Angewandte Statistik mit SPSS, S. 308

Dies hatte zum Ziel, zum einen zu diagnostizieren, welche Variablengruppen sich gemäß der persönlichen Erfahrungswelt der Untersuchungsteilnehmer zu latenten Merkmalsdimensionen (Faktoren) verdichten lassen und zum anderen festzustellen, ob die theoretischen Konzeptionen aus der personalwirtschaftlichen Literatur einer empirischen Überprüfung standhielten.

Den Merkmalen der verschiedenen berufsbezogenen Bedürfnisse des Fragebogens lag eine Doppelskalierung zugrunde, bei denen jeweils die persönliche Wichtigkeit bezogen auf ein Einzelitem als auch das Vorhandensein des Kriteriums bezogen auf den derzeitigen Arbeitgeber einzuschätzen war. Für die Faktorenanalysen pro Bedürfnisklasse wurde jeweils die Skalierung ‚Wichtigkeit‘ anstelle der Skalierung ‚Vorhandensein‘ herangezogen. Grund hierfür war die Annahme, dass bspw. als Mutter die Items ‚Möglichkeit zur Inanspruchnahme von Elternzeit‘ und ‚Angebot des Arbeitgebers zur Kinderbetreuung‘ bei dem zugrundliegenden latenten Merkmal ‚Familienfreundlichkeit‘ bezogen auf die persönliche Wichtigkeit hoch korrelieren würden, die tatsächliche Umsetzung (Vorhandensein) jedoch nicht notwendigerweise auf einen Arbeitgeber zutreffen muss. So kann ein Arbeitgeber zwar aufgrund gesetzlicher Bestimmungen die Inanspruchnahme von Elternzeit ermöglichen, jedoch keine Angebote zur Kinderbetreuung verwirklichen. Es bestand also die Sorge, die tatsächlichen latenten Bedürfnisse bei der Faktorenanalyse bezogen auf die Skalierung ‚Vorhandensein‘ nicht aufspüren zu können.

4.2.2.2 Vorgehen bei der Faktorenanalyse

Bei der Faktorenanalyse wurde für jede der Dimensionen Basisbedürfnisse, soziale Bedürfnisse und Wachstumsbedürfnisse eine Hauptkomponentenanalyse mit Varimax-Rotation vorgenommen. Es wurden nur Items pro Dimension berücksichtigt und dargestellt, die über eine Faktorladung von $r=0,4$ und höher verfügten und somit interpretationsrelevant erschienen. Items, die auf mehrere Faktoren luden wurden aus der Auswertung ausgeschlossen und nicht weiter berücksichtigt, so dass letztlich eine Einfachstruktur der Faktoren erreicht wurde.[175] In den folgenden Abbildungen

---

[175] Vgl. Fromm, S. (2012): Datenanalyse mit SPSS für Fortgeschrittene 2. Multivariate Verfahren für Querschnittsdaten, S. 68

werden die Faktoren dargestellt, die gemäß der beschriebenen Vorgehensweise im weiteren Verlauf der Berechnung von statistischen Zusammenhängen dienen.

4.2.2.3 Faktorenanalyse – Dimension berufsbezogene Basisbedürfnisse

Tabelle 1 verdeutlicht, dass die Dimension ‚Basisbedürfnisse' zu einer Fünf-Faktor-Lösung mit den folgenden Faktoren führt, die insgesamt 54,11% Prozent der Varianz erklären:

- Arbeitsbedingungen/ Leistungsbereitschaft (F1)
- Leistungen des Arbeitgebers (F2)
- Familienfreundlichkeit (F3)
- Standort (F4)
- Flexibilität (F5)

Items		Komponente					Kumm. Varianz
		1	2	3	4	5	
F1	Physische Arbeitsbedingungen	,494					
	Belastende Situationen	,584					
	Nähe zum Wohnort	,511					14,44
	Berufsbedingte Umzüge	,652					
	Überstunden und Wochenendarbeit	,633					
	Dienstreisen	,670					
F2	Zufriedenheit mit der Bezahlung		,735				
	Sozialleistungen		,646				
	Zusatzleistungen		,629				26,23
	Wirtschaftliche Situation des Arbeitgebers		,418				
	Arbeitsplatzsicherheit		,458				
F3	Kinderbetreuung			,873			36,77
	Elternzeit			,849			
F4	Standorte in mehreren Ländern				,732		46,25
	Attraktiver Standort				,820		
F5	Flexible Arbeitszeitmodelle					,605	54,11
	Verschmelzung von Arbeit und Privat					,681	
	F1=Arbeitsbedingungen/ Leistungsbereitschaft						
	F2=Leistungen des Arbeitgebers						
	F3=Familienfreundlichkeit						
	F4=Standort						
	F5=Flexibilität						

Tabelle 1: Faktorenanalyse - Dimension Basisbedürfnisse

4.2.2.4 Faktorenanalyse – Dimension berufsbezogene soziale Bedürfnisse

Tabelle 2 zeigt, dass die Dimension ‚Soziale Bedürfnisse' zu einer Fünf-Faktor-Lösung mit den folgenden Faktoren führt, die insgesamt 64,33% Prozent der Varianz erklären:

- Vorgesetzter (F6)
- Unternehmenskultur (F7)
- Unternehmensimage (F8)
- Informationstechnologien (F9)
- Arbeitsorganisation (F10)

Items		Komponente					Kumm. Varianz
		1	2	3	4	5	
F6	Interesse an mir als Person	,601					16,19
	Motivation durch den Vorgesetzten	,755					
	Klare Zielsetzung durch den Vorgesetzten	,661					
	Unterstützung durch den Vorgesetzten	,677					
	Direkte Rückmeldung	,753					
F7	Eigene Meinung äußern können		,540				30,77
	Mit netten Kollegen zusammenarbeiten		,784				
	Vertrauen zu den Kollegen		,803				
	Betriebsklima		,740				
F8	Hohes Ansehen des AGs in der Öffentlichkeit			,701			43,88
	Gesellschaftliches Engagement des AGs			,853			
	Ökologisch verträgliches Handeln des AGs			,815			
F9	Technologische Arbeitsplatzausstattung				,878		54,77
	Fortschrittlicher Umgang mit digitalen Medien				,868		
F10	Eindeutige Verantwortlichkeiten in klaren Hierarchien					,796	64,33
	Transparente Regelwerke und Richtlinien					,790	
	F6= Vorgesetzter						
	F7= Unternehmenskultur						
	F8= Unternehmensimage						
	F9= Informationstechnologien						
	F10= Arbeitsorganisation						

Tabelle 2: Faktorenanalyse zu sozialen Bedürfnissen

4.2.2.5 Faktorenanalyse – Dimension berufsbezogene Wachstumsbedürfnisse

Tabelle 3 verdeutlicht, dass die Dimension ‚Wachstumsbedürfnisse' zu einer Vier-Faktor-Lösung mit den folgenden Faktoren führt, die insgesamt 64,0% Prozent der Varianz erklären:

- Karriereaussichten (F11)
- Arbeitsaufgabe (F12)
- Entwicklungsmöglichkeiten (F13)
- Sinnstiftung (F14)

Items		Komponente				Kumm. Varianz
		1	2	3	4	
F11	Schnell Aufsteigen	,686				
	Karriere-, Laufbahn-, und Nachfolgepläne	,805				
	Coaching & Mentoring Programme	,732				,19,45
	Fach- und Projektlaufbahn	,762				
	Führungsverantwortung	,518				
F12	Interessante Tätigkeiten		,836			
	Neue Aufgaben übernehmen		,851			35,85
	Selbstständig planen und entscheiden		,758			
F13	Bezuschussung von Weiterbildungen			,734		
	Sabbaticals			,742		51,93
	Master- und Doktorandenprogramme			,798		
	Zugang zu verschiedenen Lernmöglichkeiten			,574		
F14	Tätigkeit mit eigenen Wertvorstellungen vereinbaren können				,860	64,00
	Persönliche Identifikation mit den Zielen				,878	
	F11= Karriereaussichten					
	F12= Arbeitsaufgabe					
	F13= Entwicklungsmöglichkeiten					
	F14=Sinnstiftung					

Tabelle 3: Faktorenanalyse zu Wachstumsbedürfnissen

4.2.2.6 Retransformation der Faktoren- in Skalenwerte zur weiterführenden Auswertung

Obwohl mit den extrahierten Faktoren für jeden Befragungsteilnehmer eine Ausprägung der zugrundeliegenden Merkmalsdimension der Bedürfnisklassen gewonnen wurde, werden für die weiterführenden Datenauswertungen nicht die berechneten Faktorenwerte herangezogen, sondern Skalenwerte berechnet.[176] Dieses Vorgehen

---

[176] Um Skalenwerte zu generieren, werden die Einzelitems, die einem spezifischen Faktor zugeordnet sind, aufsummiert und gemittelt. Dadurch, dass nur die für die rotierten Faktoren charakteristischen Items zu einem Skalenwert zusammengefasst wurden, konnte angenommen werden, dass die Skalen eine ähnlich inhaltliche Bedeutung aufweisen wie die Faktoren. Um diese Annahme zu überprüfen wurde die Faktorkongruenz als Korrelation der Faktorenwerte mit den Skalenwerten errechnet, die für alle 14 Berechnungen einen fast vollständigen positiven, linearen Zusammenhang der betrachteten Merkmale ergaben. Vgl hierzu Wirtz, M./ Nachtigall, C. (1998): Statistische Methoden für Psychologen. Teil 1, S. 215

wird verfolgt, da die berechneten Skalenwerte im Gegensatz zu den errechneten Faktorenwerten zum einen anschaulicher sind und zum anderen durch die Bildung von Skalenwerte die Vergleichbarkeit zu anderen Befragungsteilnehmern gewährleistet wird, die nicht der bisherigen Grundgesamtheit der erhobenen Untersuchungsstichprobe angehörten.[177] Weiterhin ist es für die Vergleiche der Skalen ‚Wichtigkeit' und ‚Vorhandensein' und die Berechnungen der Differenzen und weiterführender Analysen notwendig, ein gemeinsames Skalenniveau vorliegen zu haben.[178]

4.2.3 Zusammenfassende Darstellung des Employers of Choice der Generation Y

Die folgende Abbildung zeigt die extrahierten Faktoren hinsichtlich Arbeitgeberattraktivität sortiert nach der Wichtigkeit - gemessen an der Generation Y. Zum Vergleich werden ebenfalls die Wichtigkeit der einzelnen Faktoren für die Generation X und die Generation BB dargestellt. Hierzu wurden die Mittelwerte der retransformierten Skalen herangezogen. Auf eine Unterscheidung zwischen den einzelnen Bedürfnisklassen wurde an dieser Stelle bewusst verzichtet. Wie die Abbildung bereits verdeutlicht, kann nicht unterstellt werden, dass eine bestimmte Bedürfnisklasse von höherer Relevanz ist als andere, da sich die einzelnen Faktoren der Bedürfnisklassen in der Rangfolge verteilen. Auch wird ersichtlich, dass sich die Generationen in Bezug auf die persönliche Relevanz der verschiedenen berufsbezogenen Bedürfnisse zum Teil erheblich unterscheiden. Diese Differenzen hinsichtlich der Wichtigkeit der Faktoren werden in einem späteren Abschnitt mittels Varianzanalysen im Detail betrachtet.

---

[177] Beantwortet bspw. ein Proband, der nicht der bisherigen Untersuchungsstichprobe angehört hat die beiden Fragebogenitems der durch den Faktor F3 gebildeten Skala ‚Familienfreundlichkeit', so lässt sich unmittelbar der Skalenwert berechnen. Um die Faktorwerte zu erhalten, müsste eine völlig neue Faktorenanalyse errechnet werden und die Faktorenwerte aller anderen Stichprobenmitglieder würden sich zumindest leicht verschieben. Grund hierfür ist die Überführung der Variablen via z-Transformation in standardisierte Variablen mit einem Mittelwert von 0 und einer Varianz von 1. Vgl. hierzu Wirtz, M./ Nachtigall, C. (1998): Statistische Methoden für Psychologen. Teil 1, S. 216 und Fromm, S. (2012): Datenanalyse mit SPSS für Fortgeschrittene 2. Multivariate Verfahren für Querschnittsdaten, S. 68

[178] Durch die z-Transformation wird eine Zufallsvariable so standardisiert, dass sie den Erwartungswert Null erhält, d.h. dass eine dem Durschnitt entsprechende Einschätzung eines Befragungsteilnehmers bzgl. der Wichtigkeit eines Faktors (z.B. Familienfreundlichkeit) den Wert Null erhält. In Anhang D sind die einzelnen Faktoren-Mittelwerte in Abhängigkeit der Generationen dargestellt. Bei der Interpretation der Mittelwerte ist darauf zu achten, dass sich die Werte der Faktorvariablen nach der Ausprägung der Elementarvariablen gemäß Fragebogen richten. Dort bedeutete die Ausprägung ‚1=sehr wichtig' und ‚5=vollkommen unwichtig', d.h. je kleiner der Wert (negative Werte), desto wichtiger wird ein Faktor bewertet.

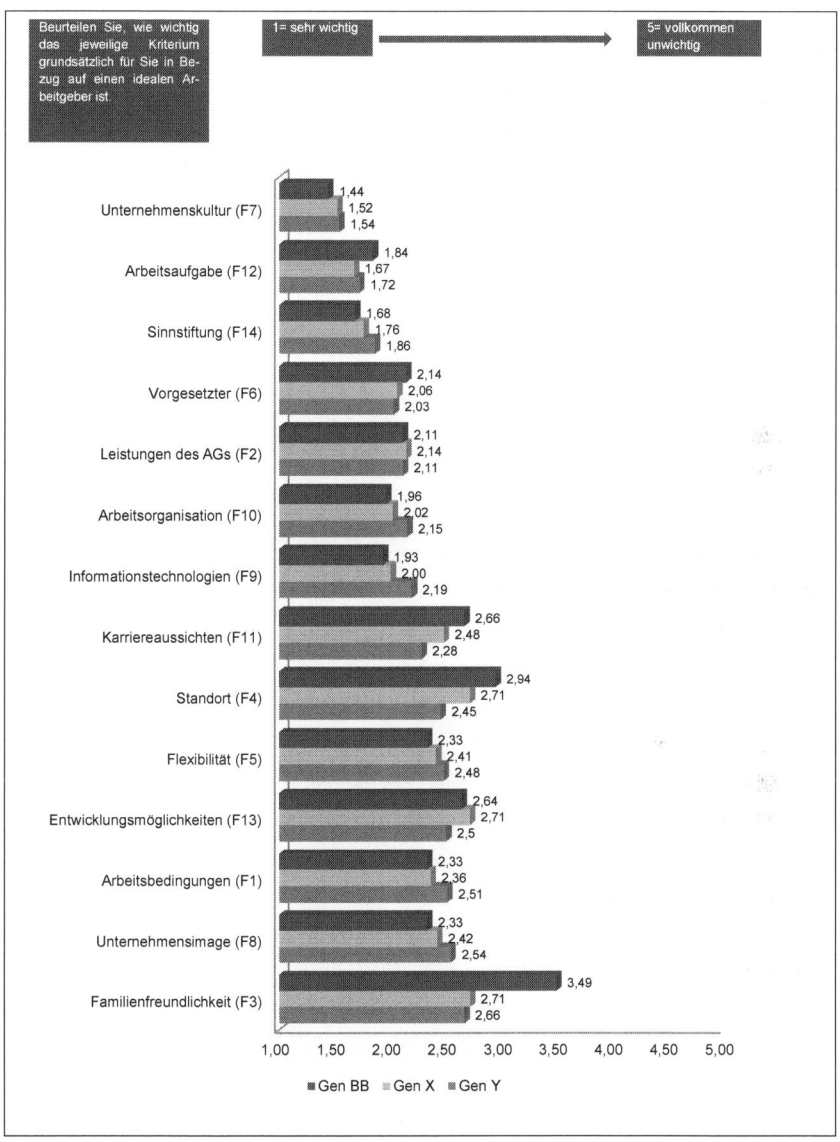

Abbildung 33: Retransformierte Mittelwerte der extrahierten Faktoren der Arbeitgeberattraktivität

4.3   Ergebnisdarstellung nach Forschungshypothesen

4.3.1 Einfluss der Generationszugehörigkeit auf das Informationsbeschaffungsverhalten

Es wurde vermutet, dass sich signifikante Unterschiede zwischen der Generation Y und den vorhergehenden Generationen im Informationsbeschaffungsverhalten bzgl. eines potenziellen Arbeitgebers feststellen lassen, die somit eine generationsspezifische Ausrichtung der Aktivitäten zur Mitarbeitergewinnung rechtfertigen. Die Hypothese greift die in Deutschland geführte Diskussion um die steigende Relevanz des Employer Brandings auf.

Die Betrachtung der verschiedenen Kanäle, mittels der die Befragungsteilnehmer auf den derzeitigen Arbeitgeber aufmerksam wurden, ermöglicht es methodisch bisher nicht, Aussagen über signifikante Unterschiede im Informationsverhalten der Probanden zu treffen.[179] Daher wird im Folgenden den Ergebnissen der Frage nachgegangen, wie sich die Probanden über einen potenziellen Arbeitgeber informieren, um die Notwendigkeit eventueller generationsspezifische Differenzierungen und Adaptionen bzgl. der Personalgewinnungsaktivitäten begründen zu können.

Hierzu sollten die Befragungsteilnehmer verschiedene Informationskanäle hinsichtlich der Häufigkeit ihrer Verwendung einschätzen (1 = regelmäßig, 2 = gelegentlich, 3 = selten, 4 = nutze ich gar nicht).[180] Methodisch wurden für jeden Informationskanal in Abhängigkeit der Generationszugehörigkeit Varianzanalysen gerechnet und im Falle eines signifikanten Ergebnisses mittels Scheffé-Test geprüft, welche Generationsgruppe für die signifikante Differenz verantwortlich ist. Aus Gründen der Übersichtlichkeit werden jeweils nur die signifikanten Unterschiede dargestellt:

---

[179] Vgl. hierzu Abschnitt 4.1.3.1
[180] Siehe hierzu Anhang F, in dem die einzelnen Mittelwerte, Standardabweichung und Standardfehler des Mittelwerts für die verschiedenen Generationen aufgeführt sind.

Mittelwerte der Informationsbeschaffungskanäle in Abhängigkeit der Generationen					
Dimension: Informationsbeschaffungsverhalten	Generation Y	Generation X	Generation BB	Gesamt-Stichprobe	Signifikanz
In Bezug auf einen idealen Arbeitgeber ist das jeweilige Kriterium von folgender Bedeutung:					
Internet F=27,128/ p_a=,000	1,81	1,99	2,89 2,89	1,97	p_s=,000 p_s=,000
Homepage des Unternehmens F=10,527/ p_a=,000	2,19	2,35	2,94 2,94	2,30	p_s=,000 p_s=,005
Medienberichterstattung F=4,177/ p_a=,016	3,06	2,75		2,96	p_s=,016
Jobmessen F=7,961/ p_a=,000	3,51	3,78		3,61	p_s=,002

Legende: 　　*-Signifikanz von p_s≤0,05 　　　　p_a-Signifikanz ANOVA

　　　　　　**-Signifikanz von p_s≤0,01 　　　　p_s-Signifikanz Scheffé Test

　　　　　　***-Signifikanz von p_s≤0,001

Tabelle 4: Informationssuche bzgl. potenzieller Arbeitgeber nach Generationen

Signifikante Unterschiede lassen sich folglich nur in der Nutzung digitaler Informationskanäle, der Information über Medienberichterstattung und dem Aufsuchen von Jobmessen feststellen. So nutzen die Generation Y (p_s=,000) und die Generation X (p_s=,000) signifikant häufiger das Internet als die Generation BB. Die gleiche Beobachtung lässt sich für die Informationsbeschaffung über die Homepage von Unternehmen machen. Auch auf dieses Medium wird von der Generation Y (p_s=,000) und der Generation X (p_s=,005) signifikant häufiger zurückgegriffen als von der Generation BB. Außerdem ist festzustellen, dass die Generation X signifikant häufiger Gebrauch von redaktioneller Medienberichterstattung wie z.B. Tageszeitungen macht als die Generation Y (p_s=,016). Im Gegensatz zeigt sich, dass Jobmessen von der Generation Y zwar noch signifikant häufiger besucht werden, als dies bei der Generation X der Fall ist (p_s=,002), beide Generationen das Angebot jedoch eher selten bis gar nicht nutzen. Die Hypothese, dass sich signifikante Unterschiede im Informationsverhalten zwischen den Generationen aufzeigen lassen, kann nur teilweise aufrechterhalten werden.

Es stellte sich die Frage, ob sich ebenfalls bei näherer Betrachtung der Teilgruppe Generation Y Unterschiede aufzeigen ließen. Vor diesem Hintergrund wurde das Qualifikationsniveau der Generation Y differenziert beleuchtet und im Sinne der vorliegenden Fragestellung zwei Gruppen gebildet. Zum einen die Gruppe der Akademiker, in die Probanden einbezogen wurden, die entweder über eine Promotion oder einen akademischen Hochschulabschluss verfügten und die Vergleichsgruppe der Nicht-Akademiker, die Probanden mit einem anerkannten Fortbildungsgang (z.b. Meister, Fachwirt, Betriebswirt oder Techniker), Probanden mit einem abgeschlossenen Ausbildungsberuf und jene, die keine Ausbildung absolviert hatten, zusammenschloss. Mittels einfaktorieller Varianzanalyse wurden die Mittelwerte beider Gruppen auf Abweichungen im Informationsverhalten untersucht. Ein signifikanter Unterschied ließ sich nur hinsichtlich der direkten Erfahrungen mit den Unternehmen, bspw. in Form von Praktika, Workshops oder Events feststellen (p=,008), indem Akademiker signifikant häufiger durch direkte Erfahrung auf ein Unternehmen aufmerksam wurden als Nicht-Akademiker. Dieses Ergebnis ließ sich auch für die Gesamtstichprobe ermitteln (p=,004).

4.3.2 Einfluss der Generationszugehörigkeit auf berufsbezogene Bedürfnisse

In diesem Abschnitt wird geprüft, in welchem Umfang sich Unterschiede in Abhängigkeit der demographischen Variable ‚Generationszugehörigkeit' ergeben. Methodisch wurden für jede einzelne Dimension der Bedürfnisklassen jeweils getrennte Varianzanalysen gerechnet. Bei signifikantem Ergebnis pro Dimension wurde mittels Scheffé-Test geprüft, welche Ausprägung der unabhängigen Variablen für die signifikante Differenz verantwortlich ist. Aus Gründen der Übersichtlichkeit werden jeweils nur die signifikanten Unterschiede dargestellt.

Tabelle 5 verdeutlicht die Generationsunterschiede hinsichtlich der berufsbezogenen Bedürfnisse.

Faktor-Mittelwerte der Basisbedürfnisse in Abhängigkeit der Generationen					
Berufsbezogene Bedürfnisse	Generation Y	Generation X	Generation BB	Gesamt-Stichprobe	Signifikanz
In Bezug auf einen idealen Arbeitgeber ist das jeweilige Kriterium von folgender Bedeutung:					
F3: Familienfreundlichkeit	2,65		3,49	2,78	p_s=,000
F=9,13/ p_a=,000		2,72	3,49		p_s=,002
F4: Standort	2,45	2,71		2,59	p_s=,037
F=7,65/ p_a=0,001	2,45		2,94		p_s=,002
Karriereaussichten	2,28	2,48		2,39	p_s=,040
F=7,51/ pa=0,001	2,28		2,66		p_s=,003

Legende: *-Signifikanz von p_s≤,05 p_a-Signifikanz ANOVA

    **-Signifikanz von p_s≤,01 p_s-Signifikanz Scheffé Test

    ***-Signifikanz von p_s≤,001

Tabelle 5: Unterschiede der berufsbezogenen Bedürfnisse in Abhängigkeit der Generationszugehörigkeit

Es wird deutlich, dass der Faktor Familienfreundlichkeit sowohl für die Generation Y (p_s=,000) als auch für die Generation X (p_s=,002) eine signifikant höhere Rolle spielt als für die Generation BB. Weiterhin ist ersichtlich das der Standort für die Generation Y signifikant wichtiger ist als für die Generation X (p_s=,037) und die Generation BB (p_s=,002). Ebenso sind Karriereaussichten für die Generation Y von signifikant höherer Relevanz als für die Generation X (p_s=,040) und die Generation BB (p_s=,003). Die Hypothese, dass sich signifikante Unterschiede zwischen den Generationen bezogen auf die berufsbezogenen Bedürfnisse ergeben, muss bis auf die drei genannten Faktoren größtenteils verworfen werden.

4.3.3 Einfluss des Bildungsniveaus, der Unternehmensgröße, der Arbeitserfahrung und der Personalverantwortung auf berufsbezogene Bedürfnisse

Da die Vergleiche der verschiedenen Faktoren der Arbeitgeberattraktivität zwischen den Generationen weniger signifikante Unterschiede als vermutet lieferten, sollen an dieser Stelle weitere Gruppenunterschiede in Abhängigkeit des Bildungsniveaus, der Unternehmensgröße und der Personalverantwortung berechnet werden.

Dies wird verfolgt um festzustellen, ob es weitere unabhängige Variablen gibt, die einen größeren Einfluss auf die Wahrnehmung der Arbeitgeberattraktivität ausüben, als dies die Generationszugehörigkeit vermag.[181] Zur inferenzstatistischen Testung der Hypothesen wurden für die Gruppenvergleiche der Akademiker und der Nicht-Akademiker sowie für die Gruppenvergleiche der Probanden mit Personalverantwortung und ohne Personalverantwortung Varianzanalysen verwendet. Bei der Testung auf Mittelwertunterschiede bezüglich der Berufserfahrung und der Unternehmensgröße wurden nach Feststellung signifikanter Differenzen Post-Hoc-Mehrfachvergleiche mittels des Scheffé-Verfahrens realisiert.

Tabelle 6 zeigt, dass für Nicht-Akademiker die *Leistungen des Arbeitgebers* (p_a=,001) sowie das *Unternehmensimage* (p_a=,038) eine signifikant höhere Rolle spielen als für Akademiker. Hingegen sind für Akademiker *Familienfreundlichkeit* (p_a=,025) und der *Standort* (p_a=,038) signifikant wichtiger als für Nicht-Akademiker. *Flexibilität* im Berufsleben und die Arbeitsaufgabe selbst, sind für Akademiker sogar von höchstsignifikant größerer Bedeutung (p_a=,000).

Faktor-Mittelwerte der Basisbedürfnisse in Abhängigkeit des Bildungsniveaus				
Berufsbezogene Bedürfnisse	Akademiker (n=199)	Nicht-Akademiker (n=234)	Gesamt-Stichprobe (N=433)	Signifikanz (2-seitig)
In Bezug auf einen idealen Arbeitgeber ist das jeweilige Kriterium von folgender Bedeutung:				
Leistungen des Arbeitgebers (F2) F=10,881	2,21	2,05	2,12	p_a=,001
Familienfreundlichkeit (F3) F=5,079	2,62	2,91	2,78	p_a=,025
Standort (F4) F=4,341	2,49	2,68	2,59	p_a=,038
Flexibilität (F5) F=15,870	2,25	2,61	2,44	p_a=,000
Unternehmensimage (F8) F=4,346	2,57	2,40	2,48	p_a=,038
Arbeitsaufgabe (F12) F=13,869	1,60	1,82	1,72	p_a=,000

Legende: *-Signifikanz von p≤,05 p_a-Signifikanz ANOVA

**-Signifikanz von p≤,01

***-Signifikanz von p≤,001

Tabelle 6: Unterschiede der berufsbezogenen Bedürfnisse in Abhängigkeit des Bildungsniveaus

---

[181] Zur Realisation weiterer Gruppenvergleiche wurden verschiedene neue Variablen kodiert. Wie bereits in Abschnitt 4.3.1 beschrieben, unterteilt sich die Variable Bildungsniveau in Akademiker und Nicht-Akademiker. Die Variable Unternehmensgröße hat die Ausprägungen ‚Kleine Unternehmen (UN)', welche Wirtschaftsunternehmen von bis zu weniger als 50 MA zusammenfasst, ‚mittlere UN', die Wirtschaftsunternehmen von bis zu weniger als 500 MA zusammenfasst und ‚große UN', die Wirtschaftsunternehmen von mehr als 500 MA zusammenfasst. Weiterhin wurde die Variable Personalverantwortung in Probanden mit Führungsverantwortung und Probanden ohne Führungsverantwortung unterteilt.

In Abhängigkeit der Personalverantwortung zeigen sich die meisten Unterschiede zwischen den Gruppen. Für die Befragungsteilnehmer ohne Personalverantwortung sind sowohl die *Arbeitsbedingungen* (p_a=,001) als auch die *Flexibilität* am Arbeitsplatz (p_a=,014) und die *Entwicklungsmöglichkeiten* im Unternehmen (p_a=,029) signifikant wichtiger als für diejenigen mit Personalverantwortung. Hingegen spielen für Personen in leitender Funktion mit Personalverantwortung die *Leistungen des Arbeitgebers* (p_a=,020), die Nutzungsmöglichkeiten und Bereitstellung von *Informationstechnologien* (p_a=,044), die *Arbeitsorganisation* (p_a=,002) sowie die *Arbeitsaufgabe* (p_a=,015) und die *Sinnstiftung* (p_a=,004) der eignen Arbeit eine signifikant wichtigere Rolle. Die Möglichkeiten im eigenen Unternehmen *Karriere* zu machen ist für die Teilgruppe der Personen mit Führungsverantwortung sogar höchstsignifikant wichtiger (p_a=,000) als für diejenigen ohne Führungsverantwortung.

Faktor-Mittelwerte der Basisbedürfnisse in Abhängigkeit der Personalverantwortung				
Berufsbezogene Bedürfnisse	Funktion mit Personalverant- wortung (n=123)	Funktion ohne Personalver- antwortung (n=311)	Gesamt- Stichprob (N=434)	Signifikanz (2-seitig)
In Bezug auf einen idealen Arbeitgeber ist das je- weilige Kriterium von folgender Bedeutung:				
Arbeitsbedingungen (F1) F=11,957	2,60	2,38	2,44	p_a=,001
Leistungen des Arbeitgebers (F2) F=5,459	2,03	2,16	2,12	p_a=,020
Flexibilität (F5) F=6,135	2,62	2,37	2,44	p_a=,014
Informationstechnologien (F9) F=15,870	1,98	2,15	2,10	p_a=,044
Arbeitsorganisation (F10) F=9,549	1,92	2,15	2,09	p_a=,002
Karriereaussichten (F11) F=17,938	2,15	2,48	2,39	p_a=,000
Arbeitsaufgabe (F12) F=5,925	1,61	1,77	1,72	p_a=,015
Entwicklungsmöglichkeiten (F13) F=4,783	2,72	2,53	2,59	p_a=,029
Sinnstiftung (F14) F=8,223	1,64	1,88	1,81	p_a=,004

Legende: *-Signifikanz von p≤,05 p_a-Signifikanz ANOVA
          **-Signifikanz von p≤,01
          ***-Signifikanz von p≤,001

Tabelle 7: Unterschiede der berufsbezogenen Bedürfnisse in Abhängigkeit der Personalverantwortung

Eine weitere Differenzierung soll anhand der bisherigen einschlägigen Berufserfahrung (BE) durchgeführt werden. Für die Probanden mit mehr als 15 Jahren BE sind die *Arbeitsbedingungen* (p_s=,040) und die *Informationstechnologien* (p_s=,002) signifikant wichtiger als für die Probanden mit weniger als 5 Jahren BE. Anders verhält es sich hinsichtlich des *Standorts*, denn dieser spielt für die Befragungsteilnehmer mit weniger als 5 Jahren BE eine signifikant wichtigere Rolle als für diejenigen mit über 15 Jahre BE (p_s=,002). Die Gruppe der Befragungsteilnehmer mit zwischen 5 und 10 Jahren BE empfanden *Karriereaussichten* als signifikant wichtiger (p_s=,018), das *Unternehmensimage* jedoch als signifikant weniger wichtig als die Vergleichsgruppe derjenigen mit mehr als 15 Jahren BE (p_s=,017). Bedeutsame Unterschiede zwischen den Gruppen der Befragungsteilnehmer mit unter 5 Jahren BE und denen zwischen 5 und 15 Jahren BE konnten nicht festgestellt werden.

Faktor-Mittelwerte der Basisbedürfnisse in Abhängigkeit der Berufserfahrung					
Berufsbezogene Basisbedürfnisse	BE unter 5 Jahren	BE zwischen 5 und 15 Jahren	BE von mehr als 15 Jahren	Gesamt-Stichprobe	Signifikanz
In Bezug auf einen idealen Arbeitgeber ist das jeweilige Kriterium von folgender Bedeutung:	(n=164)	(n=148)	(n=121)	(N=433)	
Arbeitsbedingungen (F1) F=3,552/ p_a=,029	2,53		2,36	2,44	p_s=,040
Standort (F4) F=6,895/ p_a=,001	2,39		2,80	2,59	p_s=,002
Unternehmensimage (F8) F=4,167/ p_a=,016		2,60	2,32	2,48	p_s=,017
Informationstechnologien (F9) F=6,318/ p_a=,002	2,23		1,91	2,10	p_s=,002
Karriereaussichten (F11) F=4,268/ p_a=,015		2,29	2,55	2,39	p_s=,018

Legende: *-Signifikanz von $p_s \leq 0,05$ p_a-Signifikanz ANOVA

            **-Signifikanz von $p_s \leq 0,01$ p_s-Signifikanz Scheffé Test

            ***-Signifikanz von $p_s \leq 0,001$

Tabelle 8: Unterschiede der berufsbezogenen Bedürfnisse in Abhängigkeit der Berufserfahrung

Eine weitere Differenzierung soll nach der Unternehmensgröße des derzeitigen Arbeitgebers der Befragungsteilnehmer vorgenommen werden. Für Mitarbeiter mittlerer (p_s=,004) und großer UN (p_s=,043) ist der Standort signifikant wichtiger als für Mitarbeiter kleiner UN. Die Karriereaussichten spielen für Mitarbeiter mittlerer (p_s=,000) und großer UN (p_s=,000) sogar eine höchstsignifikant wichtigere Rolle als für die in kleinen UN Beschäftigten. Ein weiterer Unterschied ergibt sich im Vergleich der Relevanz von Entwicklungsmöglichkeiten im Unternehmen. Auch hier sind Mitarbeitern aus kleinen UN die Möglichkeiten zur Weiterentwicklung signifikant weniger wichtig als vergleichsweise Beschäftigten in mittleren Unternehmen (p_s=,010).

Faktor-Mittelwerte der Basisbedürfnisse in Abhängigkeit der Unternehmensgröße					
Berufsbezogene Basisbedürfnisse	Kleine Unternehmen (MA<50)	Mittlere Unternehmen (MA<500)	Große Unternehmen (MA>500)	Gesamt-Stichprobe	Signifikanz
In Bezug auf einen idealen Arbeitgeber ist das jeweilige Kriterium von folgender Bedeutung:	(n=64)	(n=167)	(n=165)	(N=396)	
Standort (F4)	2,94	2,47		2,60	p_s=,004
F=5,645/ p_a=,004	2,94		2,59		p_s=,043
Karriereaussichten (F11)	2,80	2,27		2,39	p_s=,000
F=12,407/ p_a=,000	2,80		2,36		p_s=,000
Entwicklungsmöglichkeiten (F13)	2,83	2,46		2,59	p_s=,010
F=4,986/ p_a=,007					

Legende: *-Signifikanz von p_s≤0,05 p_a-Signifikanz ANOVA

             **-Signifikanz von p_s≤0,01 p_s-Signifikanz Scheffé Test

             ***-Signifikanz von p_s≤0,001

Tabelle 9: Unterschiede der berufsbezogenen Bedürfnisse in Abhängigkeit der Unternehmensgröße

4.3.4 Intergruppen-Unterschiede hinsichtlich berufsbezogener Bedürfnisse bezogen auf die Generation Y

An dieser Stelle ist weiterhin von Interesse, ob sich die eben dargestellten Unterschiede in Abhängigkeit des Bildungsniveaus, der Personalverantwortung, der Berufserfahrung und der Unternehmensgröße ebenfalls nachweisen lassen, wenn ausschließlich die Generation Y betrachtet wird.

Auch hier zeigt sich, dass für Nicht-Akademiker die Leistungen des Arbeitgebers (p_a=,031) eine signifikant höhere Rolle spielen als für Akademiker. Hingegen sind auch bei der Teilstichprobe der Generation Y für Akademiker Familienfreundlichkeit (p_a=,034), der Standort (p_a=,019) sowie Flexibilität (p_a=,008) und die Arbeitsaufgabe (p_a=,006) signifikant wichtiger als für Nicht-Akademiker. Kein Unterschied konnte bei der Generation Y im Gegensatz zur Gesamtstichprobe in Bezug auf das Unternehmensimage festgestellt werden.

Ein anderes Bild zeigt sich im Maß der Übereinstimmung bei dem Vergleich der Gesamtstichprobe und der Generation Y hinsichtlich der Übernahme von Personalverantwortung. Zwar sind auch bei der Generation Y den Befragungsteilnehmern ohne Personalverantwortung die Arbeitsbedingungen (p_a=,023) signifikant wichtiger als denjenigen mit Personalverantwortung. Weitere Übereinstimmungen sind ebenfalls hinsichtlich der Leistungen des Arbeitgebers (p_a=,038) und der Karriereaussichten im

Unternehmen (p_a=,003) gegeben. Denn auch bei der Generation Y spielen diese für die Befragungsteilnehmer mit Führungsverantwortung eine signifikant wichtigere Rolle als für diejenigen ohne Führungsverantwortung. Keine signifikanten Unterschiede ließen sich bei der Betrachtung der Generation Y allerdings für die Faktoren *Flexibilität* (p_a=,226), *Informationstechnologien* (p_a=,225), *Arbeitsorganisation* (p_a=,184), *Arbeitsaufgabe* (p_a=,622), *Entwicklungsmöglichkeiten* (p_a=,134) sowie *Sinnstiftung* (p_a=,621) feststellen. Hier gibt es keine bemerkenswerten Unterschiede in der Relevanz der genannten Faktoren zwischen den Befragungsteilnehmern mit und ohne Personalverantwortung.

Hinsichtlich der einschlägigen Berufserfahrung in Bezug auf die Generation Y ergeben sich keine signifikanten Unterschiede der berufsbezogenen Bedürfnisse. Dies ist insofern interessant, als sich bezogen auf die Gesamtstichprobe signifikante Differenzen bei den Faktoren der *Arbeitsbedingungen*, des *Standortes*, des *Unternehmensimages*, der *Informationstechnologien* und der *Karriereaussichten* feststellen ließen.

Eine letzte Differenzierung soll nun ebenfalls anhand der Unternehmensgröße bezogen auf die Teilstichprobe Generation Y vorgenommen werden. Im Gegensatz zur Betrachtung der Gesamtstichprobe konnten hier keine Unterschiede hinsichtlich der Unternehmensgröße in Bezug auf die Wichtigkeit des *Standorts* (p_a=,074) festgestellt werden. Analog zur Gesamtstichprobe zeigte sich jedoch auch für die Generation Y, dass *Karriereaussichten* für die Mitarbeiter mittlerer (p_s=,005) und großer UN (p_s=,013) eine signifikant wichtigere Rolle als für die in kleinen UN Beschäftigten spielen. Auch die Unterschiede bezüglich der Relevanz von *Entwicklungsmöglichkeiten* konnten hier aufgezeigt werden. Wie auch bei der Betrachtung der Gesamtstichprobe zeigt sich, dass Mitarbeitern kleiner UN die Möglichkeiten zur Weiterentwicklung signifikant weniger wichtig sind als Mitarbeitern mittlerer UN (p_s=,004) und großer UN (p_s=,037).

4.3.5 Zusammenhang berufsbezogener Bedürfnisse auf die Mitarbeiterzufriedenheit

Die dritte Forschungshypothese besagte, dass der Grad der Erfüllung berufsbezogener Bedürfnisse die Mitarbeiterzufriedenheit der Generation Y vorhersagen würde. Um diese Annahme zu überprüfen kam die multiple Regression zum Einsatz, in die als Prädiktoren die einzelnen Faktoren berufsbezogener Bedürfnisse aufgenommen wurden. In verschiedenen Regressionsmodellen wurden jeweils der Einfluss der Erfüllung berufsbezogener Basisbedürfnisse, der Einfluss berufsbezogener sozialer Bedürfnisse und der Einfluss berufsbezogener Wachstumsbedürfnisse auf die Mitarbeiterzufriedenheit vorhergesagt. Hierbei wurden die Skalenwerte der Skalen ‚Vorhandensein', d.h. der tatsächlichen Erfüllung der berufsbezogenen Bedürfnisse im aktuellen Unternehmen der Befragungsteilnehmer für die Regressionsanalysen verwendet.

In einem ersten Modell wurde der Einfluss der Erfüllung berufsbezogener Basisbedürfnisse auf die Mitarbeiterzufriedenheit und somit auf die zugrundeliegende Arbeitgeberattraktivität untersucht. Gemäß dem Modell können 21,7% der Varianz durch die *Arbeitsbedingungen* (β =,212) und *Leistungen des Arbeitgebers* als wichtigstem Prädiktor (β=,310) aufgeklärt werden. Die Betrachtung der individuellen standardisierten Regressionskoeffizienten zeigt, dass die Faktoren *Familienfreundlichkeit* (β=,037), *Standort* (β=,057) und *Flexibilität* (β=,075) keinen signifikanten Einfluss auf die Mitarbeiterzufriedenheit bei einem Arbeitgeber ausüben.

Regressionsanalyse der Basisbedürfnisse als Prädiktoren auf „Mitarbeiterzufriedenheit"									
Eingeschlossene Skalen	R	R^2	Korrigiertes R^2	Änderung in R^2	B	SE B	β	T	p
Arbeitsbedingungen (F1)					,249	,069	,212	3,631	,000
Leistungen des AGs (F2)					,355	,077	,310	4,615	,000
Familienfreundlichkeit (F3)	,466	,217	,201	,217	,027	,048	,037	,562	,575
Standort (F4)					,036	,037	,057	,975	,331
Flexibilität (F5)					,051	,041	,075	1,243	,215
F= 13,452 / p≤,000									

Tabelle 10: Regression berufsbezogener Basisbedürfnisse als Prädiktor auf das Kriterium „Mitarbeiterzufriedenheit"

In einem nächsten Schritt wurde der Einfluss berufsbezogener sozialer Bedürfnisse auf die Mitarbeiterzufriedenheit untersucht. 35,4% der Varianz konnten durch dieses Modell erklärt werden. Bei näherer Betrachtung der standardisierten Regressionskoeffizienten ist ersichtlich, dass der *Vorgesetzte* (β=,267), die *Unternehmenskultur* (β=,244) sowie das *Unternehmensimage* (β=,137) als stärkste Prädiktoren für die Mitarbeiterzufriedenheit gelten.

Regressionsanalyse der Prädiktoren auf das Kriterium „Mitarbeiterzufriedenheit"									
Eingeschlossene Skalen	R	R²	Korrigiertes R²	Änderung in R²	B	SE B	β	T	p
Vorgesetzter (F6)					,234	,055	,267	4,265	,000
Unternehmenskultur (F7)					,280	,072	,244	3,865	,000
Unternehmensimage (F8)	,595	,354	,341	,354	,128	,053	,137	2,424	,016
Informationstechnologien (F9)					,062	,048	,073	1,307	,192
Arbeitsorganisation (F10)					,101	,054	,110	1,878	,062

F=26,637/ p≤0,000

Tabelle 11: Regression berufsbezogener sozialer Bedürfnisse als Prädiktor auf das Kriterium "Mitarbeiterzufriedenheit"

Weiterhin war der Einfluss berufsbezogener Wachstumsbedürfnisse auf die Mitarbeiterzufriedenheit von Interesse. Das Modell konnte insgesamt eine Varianzaufklärung von 35,2% liefern, wobei die Faktoren *Sinnstiftung* (β=,336), und *Arbeitsaufgabe* (β=,211), als wichtigste Prädiktoren angesehen werden können.

Regressionsanalyse der Prädiktoren auf das Kriterium „Mitarbeiterzufriedenheit"									
Eingeschlossene Skalen	R	R²	Korrigiertes R²	Änderung in R²	B	SE B	β	T	p
Karriereaussichten (F11)					,091	,054	,103	1,684	,093
Arbeitsaufgabe (F12)					,186	,055	,211	3,345	,001
Entwicklungsmöglich-keiten (F13)	,593	,352	,341	,352	,092	,044	,123	2,088	,038
Sinnstiftung (F14)					,288	,052	,336	5,562	,000

F=33,142/p≤0,000

Tabelle 12: Regression berufsbezogener sozialer Bedürfnisse als Prädiktor auf das Kriterium "Mitarbeiterzufriedenheit"

Des Weiteren wurde untersucht, welche Varianzaufklärung die gemeinsame Vorhersage der drei Bedürfnisklassen auf die Mitarbeiterzufriedenheit und somit auf die Arbeitgeberattraktivität haben würde. Methodisch wurde hierfür ebenfalls eine multiple Regression unter Einschluss aller 14 berufsbezogenen Bedürfnisse gerechnet, welche eine Varianzaufklärung von 45,0% lieferte.

Modell 7: Hierarchische Regressionsanalyse berufsbezogener Bedürfnisse auf „Mitarbeiterzufriedenheit"								
Eingeschlossene Skalen	R	R^2	Korrigiertes R^2	Änderung in R^2	B	SE B	β	T	p
Arbeitsbedingungen (F1)					,146	,063	,124	2,324	,021
Leistungen des AGs (F2)					,162	,071	,141	2,268	,024
Familienfreundlichkeit (F3)					,010	,042	,013	,225	,822
Standort (F4)					-,027	,037	-,043	-,719	,473
Flexibilität (F5)					-,029	,037	-,042	-,784	,434
Vorgesetzter (F6)					,132	,056	,151	2,379	,018
Unternehmenskultur (F7)	,671	,450	,417	,450	,142	,073	,123	1,938	,054
Unternehmensimage (F8)					-,008	,058	-,008	-,134	,893
Informationstechnologien (F9)					-,009	,047	-,010	-,187	,852
Arbeitsorganisation (F10)					,103	,053	,111	1,934	,054
Karriereaussichten (F11)					,027	,061	,030	,443	,658
Arbeitsaufgabe (F12)					,125	,058	,143	2,166	,031
Entwicklungsmöglichkeiten (F13)					,052	,045	,069	1,141	,255
Sinnstiftung (F14)					,168	,055	,196	3,051	,003

F= 13,671/ p≤,000

Tabelle 13: Regression berufsbezogener Bedürfnisse als Prädiktor auf das Kriterium "Mitarbeiterzufriedenheit"

Als höchster Prädiktor für die Mitarbeiterzufriedenheit ging der Faktor *Sinnstiftung* (β=,196) ein, gefolgt von dem *Vorgesetzten* (β=,151), der *Arbeitsaufgabe* (β=,143), den *Leistungen des Arbeitgebers* (β=,141) und schließlich den *Arbeitsbedingungen* (β=,124). Die weiteren Faktoren konnten hingegen keinen signifikanten Beitrag zur Varianzaufklärung leisten.

Durch die dargestellten Regressionsberechnungen konnten bis zu 45,0% der Varianz aufgeklärt werden. Die dritte Forschungshypothese wird folglich angenommen: Es ist möglich, die Mitarbeiterzufriedenheit durch die Erfüllung berufsbezogener Bedürfnisse (wenn auch nur durch eine Auswahl) zumindest teilweise vorherzusagen.

4.3.6 Einfluss der Mitarbeiterzufriedenheit auf die Wechselabsichten des Unternehmens der Generation Y

In der vierten Forschungshypothese wurde die Annahme formuliert, dass zwischen der Zufriedenheit der Mitarbeiter im Unternehmen und den Wechselabsichten des Arbeitgebers ein negativer Zusammenhang ermittelt werden kann. Zu diesem Zweck wurden für die Variable Wechselabsichten Ränge gebildet, die kurzfristige (=1), mittelfristige (=2), langfristige (=3) und keine (=4) Wechselabsichten voneinander abgrenzten[182]. Ein negativer Zusammenhang würde demnach bedeuten, dass geringe Werte der Skala Mitarbeiterzufriedenheit (1= sehr zufrieden und 5=sehr unzufrieden) zu hohen Werten der Skala Wechselabsichten führen würden. Zur Prüfung dieser Annahme wurde eine einseitige Korrelation nach Spearman zwischen den Variablen Mitarbeiterzufriedenheit und Wechselabsichten berechnet. Einen Überblick der gewonnenen Erkenntnisse liefert die nachfolgende Tabelle.

Korrelation nach Spearman ‚Mitarbeiterzufriedenheit' und ‚Wechselabsichten'				
Stichprobe	N	Variable/ Skala	Korrelationskoeffizient	Signifikanz (1-seitig)
Gesamt	435	Mitarbeiterzufriedenheit	-,373	,000***
Gen Y	249		-,406	,000***
Gen X	130		-,333	,000***
Gen BB	56		-,292	,014*

*p≤,05; **p≤,01; ***p≤0,001

Tabelle 14: Korrelation nach Spearman zwischen den Variablen 'Mitarbeiterzufriedenheit' und 'Wechselabsichten'

In der Gesamtstichprobe ließ sich zwischen den beiden Faktoren eine geringe negative Korrelation von r_s=-,373 ermitteln, welche als höchstsignifikant gilt, d.h. je zufriedener die Mitarbeiter im Unternehmen sind (kleine Werte der Variable Mitarbeiterzufriedenheit), desto größer wird die Zeitspanne, bis sie gedenken, den Arbeitgeber zu wechseln (hohe Werte bzgl. der Variable Wechselwunsch). Die vierte Forschungshypothese kann somit angenommen werden.

4.3.7 Einfluss der Nicht-Erfüllung berufsbezogener Bedürfnisse auf die Wechselabsichten des Unternehmens der Generation Y

In der fünften Forschungshypothese wurde die Vermutung postuliert, das ein positiver Zusammenhang zwischen der Nicht-Erfüllung berufsbezogener Bedürfnisse und dem Wechselwunsch von Mitarbeitern zu ermitteln ist, d.h. je höher die Diskrepanz zwischen der beurteilten persönlichen Wichtigkeit eines Faktors und dem Vorhandensein in Bezug auf den derzeitigen Arbeitgeber ist, desto höher ist auch die Wechselabsicht des Unternehmens. Methodisch wurde auch hier zur Überprüfung der An-

---

[182] In diesem Zusammenhang bezeichneten kurzfristige Wechselabsichten eine Wechselabsicht innerhalb der nächsten 12 Monate, mittelfristige Wechselabsichten einen Zeitraum innerhalb der nächsten zwei Jahre und langfristige Wechselabsichten einen Zeitraum von frühestens in zwei Jahren.

nahme die einseitige Korrelation nach Spearman berechnet. Zu diesem Zweck wurden in einem ersten Schritt die Skala ‚Vorhandensein‘ von der Skala ‚Wichtigkeit‘ eines jeden Faktors subtrahiert, um die Diskrepanz bzgl. jedes entsprechenden berufsbezogenen Bedürfnisses zu ermitteln. Anschließend wurden die Diskrepanz-Mittelwerte pro Bedürfnisklasse gebildet. In einem nächsten Schritt wurden zum Ziel der Korrelationsberechnung für die unabhängige Variable ‚Diskrepanz‘ Ränge festgelegt, die sich in keine Diskrepanz (=1), geringe Diskrepanz (=2), mittlere Diskrepanz (=3) und hohe Diskrepanz (=4) aufteilten. Als abhängige Variable gingen die Ränge der in Abschnitt 4.5 gebildeten Variable Wechselabsichten (kurzfristige =1, mittelfristige =2, langfristige =3 und keine =4) in die Berechnung ein. Die nachfolgende Tabelle zeigt die entsprechenden Feststellungen.

Korrelation nach Spearman ‚Diskrepanz berufsbezogene Bedürfnisse‘ und ‚Wechselabsichten‘				
Stichprobe	N	Variable/ Skala	Korrelationskoeffizient	Signifikanz (1-seitig)
Gesamt	431		-,262	,000***
Gen Y	246	Diskrepanz Basisbedürfnisse	-,231	,000***
Gen X	130		-,366	,000***
Gen BB	53		-,142	,149
Gesamt	431		-,167	,001***
Gen Y	246	Diskrepanz soziale Bedürfnisse	-,201	,001***
Gen X	130		-,202	,011*
Gen BB	55		-,009	,475
Gesamt	431		-,338	,000***
Gen Y	246	Diskrepanz Wachstumsbedürfnisse	-,292	,000***
Gen X	130		-,370	000***
Gen BB	56		-,212	,059

$*p \leq ,05; **p \leq ,01; ***p \leq 0,001$

Tabelle 15: Korrelation nach Spearman zwischen den Variablen ‚Diskrepanz berufsbezogener Bedürfnisse‘ und 'Wechselabsichten'

Es zeigt sich, dass für die drei Dimensionen berufsbezogener Bedürfnisse ein geringer positiver Zusammenhang zu ermitteln ist. (Zu beachten ist, dass kleinere Werte der Variable Wechselabsicht tatsächlich auf eine höhere Wechselbereitschaft hinweisen. Die Richtung der Korrelation ist hier also entsprechend invers zu interpretieren.) Den höchsten Zusammenhang weist die Diskrepanz bei berufsbezogenen Wachstumsbedürfnissen auf den Wechselwunsch auf. Die fünfte Forschungshypothese wird folglich angenommen.

5   Diskussion und Grenzen der Untersuchung

5.1   Diskussion von Konzept und Methode der Arbeit

Für die zu untersuchende Fragestellung der Attraktivitätsfaktoren eines ‚Employers of Choice' der Generation Y und den generationsspezifischen Unterschieden diesbezüglicher Einflussgrößen wurde in der vorliegenden Arbeit die quantitative Untersuchungsmethode gewählt. Die Wahl der Untersuchungsmethode lag darin begründet, als das der Untersuchungsgegenstand aufgrund intensiver Literaturrecherche bereits soweit bekannt war, dass Hypothesen über mögliche Zusammenhänge aufgestellt werden konnten und Sachverhalte mittels systematischer Testung und inferenzstatistischer Analysen quantifiziert werden sollten. Um verlässliche sowie repräsentative Aussagen über Unterschiede zwischen den Generationen in Bezug auf die Arbeitgeberattraktivität treffen zu können, musste ein ausreichend großer Stichprobenumfang zu Grunde gelegt werden, der im Rahmen der vorliegenden Forschungsarbeit und in Anbetracht der zur Verfügung stehenden Zeit nur im Form einer quantitativen Online-Befragung zu generieren war. Auf diese Weise sollte weiterhin größere Objektivität in Bezug auf die Durchführung, Auswertung und Interpretation sichergestellt und die Vergleichbarkeit der Ergebnisse gewährleistet werden.[183]

Um den Stichprobenumfang zusätzlich zu erhöhen, wurden die an der Untersuchung teilnehmenden Probanden gebeten, die Anfrage im Sinne eines Schneeballsystems an weitere erwerbstätige Personen weiterzuleiten. An diesem Vorgehen ist zu kritisieren, dass den Vorteilen von Online-Befragungen wie der zeit- und kostenökonomischen Vorgehensweise der Nachteil gegenübersteht, dass nur solche Befragungsteilnehmer erreicht werden, die das Internet aktiv nutzen. Die Generalisierbarkeit der Ergebnisse ist damit stark eingeschränkt.[184] Gerade vor dem Hintergrund der vorliegenden Fragestellung nach Unterschieden zwischen den verschiedenen Generationen, könnte dies dazu geführt haben, dass sich die Ergebnisse nicht derart deutlich unterscheiden wie ursprünglich vermutet. Es kann angenommen werden, dass vor allem die älteren Generationen das Internet nicht dermaßen stark frequentieren wie

---

[183] Vgl. Raithel, J. (2006): Quantitative Forschung, S. 42
[184] Vgl. Bortz, J./ Döring, N. (2006): Forschungsmethoden und Evaluation, S. 261

die jüngeren und weiterhin solche Angehörige der älteren Generationen verstärkt Gebrauch des World Wide Webs machen, die geistig ‚jung' geblieben sind. Für diese Annahmen würde auch die Zusammensetzung der Gesamtstichprobe plädieren, die aus 249 Angehörigen der stark technologieaffinen Generation Y, 130 Personen der Generation X und lediglich 56 Personen der Generation BB bestand. Es wäre also von forscherischem Interesse, ob sich die gewonnenen Ergebnisse auch in der Form replizieren ließen, würden Papier-Fragebogen in gleicher Anzahl an zufällig ausgewählte Befragungsteilnehmer verteilt.

Bei der Beurteilung der Reliabilität, also der Einschätzung der Replizierbarkeit der Ergebnisse, sind weitere Einschränkungen zu beachten. Gemäß der klassischen Testtheorie ist Reliabilität zu definieren als „das Varianzverhältnis zwischen der Varianz der ‚wahren' (messfehlerfreien, idealen) Werte und der tatsächlichen Varianz der vom Test gelieferten Messwerte".[185] Einflussgrößen, die die Reliabilität der Einschätzung von Arbeitgeberattraktivitätsfaktoren beeinträchtigen können, sind besondere Urteilstendenzen, insbesondere Halo-Effekte, die von einer sehr positiven Gesamteinschätzung der persönlichen Zufriedenheit im derzeitigen Unternehmen auf die Bewertung einzelner Merkmale der Arbeit schließen lassen und umgekehrt.[186] Arten zur Messung der Reliabilität wie bspw. die Test-Retest-Methode zur Überprüfung der zeitlichen Stabilität der Ergebnisse können weiterhin durch persönliche Erlebnisse und Einsichten im Testzwischenzeitraum beeinträchtigt werden. Denn es ist stets zu beachten, dass die erfassten Messgrößen subjektiven Empfindungen der Befragungsteilnehmer entsprechen, die aufgrund durchlebter Erfahrung oder anderen unsachlichen Einflüssen variieren können. Hierbei bleibt der Einsatz von Fragebögen zur Erfassung von Daten aller Art aufgrund der Verzerrungstendenzen bei Selbstauskünften im Allgemeinen kritisch zu beleuchten.[187]

Bei der Beurteilung von Attraktivitätsfaktoren potenzieller Arbeitgeber sowie der Relevanz von berufsbezogenen Bedürfnissen gilt es weitere Restriktionen im Zusammenhang der Korrelation und Kausalität einzelner Merkmale zu beachten. Für die

---

[185] Moosbrugger, H./ Kelava, A. (2008): Testtheorie und Fragebogenkonstruktion, S. 115
[186] Vgl. Nerdinger, F./ Blickle, G./ Schaper, N. (2011): Arbeits- und Organisationspsychologie, S. 261
[187] Vgl. Rentzsch, K./ Schütz, A. (2009): Psychologische Diagnostik. Grundlagen und Anwendungsperspektiven, S. 295 ff.

hier gewonnenen empirischen Erkenntnisse muss einschränkend festgestellt werden, dass es sich bei der vorliegenden Untersuchung um eine Querschnittsstudie handelt, die Korrelationen zwischen den aus der Literatur abgeleiteten, unabhängigen Dimensionen und den abhängigen Dimension ermittelt und keine abgesicherten Aussagen über Ursache und Wirkung getroffen werden können.

Dennoch ist davon auszugehen, dass die Wahrnehmung eines konkreten Aspekts der Arbeit (z.B. die Vergütung oder die Arbeitsaufgabe selbst) den Gesamteindruck der zu bewertenden Arbeitgeberattraktivität beeinflusst und nicht anders herum. Interessant wären Wiederholungen der Befragung in einigen Jahren in Form von methodisch einwandfreien Längsschnittstudien, um zu sehen, ob sich tatsächlich kausale Beziehung zwischen der Mitarbeiterorientierung in Form von berufsbezogener Bedürfniserfüllung sowie Mitarbeiterzufriedenheit und somit Arbeitgeberattraktivität nachweisen lassen und um festzustellen, ob es sich wahrlich um gewandelte Werteorientierungen einer neuen Generation handelt.

Dabei sollte jedoch weiterhin der Möglichkeit Rechnung getragen werden, dass zwischen den einzelnen Attraktivitätsfaktoren und der Mitarbeiterzufriedenheit nicht nur lineare Zusammenhänge wirken, sondern sich diese Faktoren gegenseitig bedingen können. Die Multikausalität der Arbeitgeberattraktivität führt dazu, dass ursächliche Effekte einzelner Faktoren teilweise nur sehr gering sind und der Einfluss von nicht kontrollierten Moderatorvariablen schwer abzuschätzen ist.[188] Für die in der vorliegenden Arbeit dargestellten Ergebnisse bedeutet dies, dass zum einen nicht aufgedeckte Zusammenhänge durch andere, unbekannte Variablen verdeckt oder aber auch identifizierte Effekte durch den Einfluss von Moderator-, Mediator- oder Drittvariablen wie der momentanen Stimmung der einzelnen Befragungsteilnehmer verstärkt oder abgeschwächt wurden.[189]

---

[188] Vgl. Güttler, P. (2000): Statistik. Basic Statistics für Sozialwissenschaftler, S. 119 ff. und Schumann, S. (2012): Repräsentative Umfrage. Praxisorientierte Einführung in empirische Methoden und Analyseverfahren, S. 123 ff.
[189] Vgl. Cleff, T. (2008): Deskriptive Statistik und moderne Datenanalyse, S. 134 ff. und Müller, D. (2006): Moderatoren und Mediatoren in Regressionen, in: Albers, S. et al. (Hrsg.): Methodik der empirischen Forschung, S. 256 ff.

Des Weiteren gilt an dieser Stelle zu beurteilen, inwieweit die durchgeführte Untersuchung tatsächlich das Konstrukt Arbeitgeberattraktivität messen oder vorhersagen kann und somit die Validität der Befragung zu diskutieren. Die Item-Zusammenstellung latenter Merkmale sowie die spätere Gruppierung erfolgten anhand umfassender Recherche der Erkenntnisse einschlägiger personalwirtschaftlicher Literatur, Arbeitgeberattraktivitätsstudien und -rankings sowie der Praxis.

Eine nach der Befragung durchgeführte Kontrolle der internen Skalenkonsistenz zur Überprüfung der Konstruktvalidität zeigte jedoch, dass die auf diese Weise gebildeten Merkmale nicht durchgängig der persönlichen Erfahrungswelt der Befragungsteilnehmer entsprachen, weswegen nachfolgend eine Faktorenanalyse durchgeführt wurde. Erst diese empirische ‚Gruppierung' ermöglichte es, die tatsächlich zugrundeliegenden latenten Merkmale nachzuweisen, welche anschließend in Abhängigkeit der Generationen und anderer unabhängiger Variablen verglichen wurden. Da angenommen wurde, dass Arbeitgeber als attraktiv wahrgenommen werden, insofern Beschäftigte davon ausgehen können, in der Lage zu sein, ihre berufsbezogenen Bedürfnisse bei einem Arbeitgeber zu erfüllen, wurde in der vorliegenden Masterthesis ‚Arbeitgeberattraktivität' mit ‚Bedürfnisbefriedigung' gleichgesetzt und mittels der Skala *Mitarbeiterzufriedenheit* validiert.

Das Vorgehen zur Bestimmung der Kriteriumsvalidität für die Skalierung ‚*Vorhandensein eines Faktors im derzeitigen Unternehmen*' erscheint als gerechtfertigt, indem es möglich ist, die verschiedenen Skalen mit der tatsächlichen Einschätzung der Mitarbeiterzufriedenheit in Korrelation zu setzen. Ein entsprechendes Vergleichskriterium in Form der Validierung für die Skalierung ‚*Wichtigkeit eines Faktors bzgl. eines idealen Arbeitgebers*' existiert hingegen nicht, um den behaupteten Zusammenhang der Befragungsergebnisse und dem Konstrukt Arbeitgeberattraktivität zu fundieren.[190] Die tatsächlich eintretende Mitarbeiterzufriedenheit in Bezug auf einen idealen, lediglich hypothetisch konstruierten Arbeitgeber anhand der in der vorliegenden Masterthesis berücksichtigten Attraktivitätsfaktoren zu beurteilen, ist empirisch nicht möglich. Hier muss auf die persönliche Einschätzung der Relevanz der Befragungsteil-

---

[190] Vgl. Westhoff, K./ Kluck, M.-L. (2003): Psychologische Gutachten schreiben und beurteilen, S. 72

nehmer und auf die Ergebnisse ähnlicher Studien vertraut werden.[191] Behelfsweise können die Erkenntnisse mit der Vorhersage der Mitarbeiterzufriedenheit der Skala *Vorhandensein eines Faktors im derzeitigen Unternehmen'* verglichen werden. Weiterhin bleibt für die Beurteilung der Validität der Studie zu hinterfragen, inwieweit ,Bedürfnisbefriedigung' restlos mit ,Arbeitgeberattraktivität' gleichzusetzten ist. Durch weitere forscherische Bemühungen müsste untersucht werden, ob Mitarbeiter bei vollkommener Bedürfnisbefriedigung ihr Unternehmen bzw. ihren Arbeitgeber tatsächlich als attraktiv einstufen, oder aber eine Art Gewöhnung einsetzt und die Bedürfniserfüllung dann als ,Mindeststandard' angesehen wird, und der Arbeitgeber in Folge deutlich mehr leisten müsste, um weiterhin als anziehend zu gelten.

5.2 Interpretation und Einordnung der Ergebnisse

In der vorliegenden Arbeit wurde der Versuch unternommen, den Einfluss des demographischen Wandels auf den Arbeitsmarkt sowie die Erwerbsbevölkerung aufzuzeigen und die resultierende Verschiebung der Machtverhältnisse auf dem Arbeitsmarkt aufgrund des Fach- und Führungskräftemangel näher zu beschreiben. Die Gründe liegen wie oben erläutert in der zunehmenden Alterung der Beschäftigten und dem in Folge zukünftig ansteigenden Ausscheiden dieser Berufstätigen aus dem Erwerbsleben sowie dem Eintritt einer neuen Arbeitnehmergeneration in die Berufswelt. Da angenommen wird, dass es zukünftig eine der vordringlichsten Aufgaben des Personalmanagements sein wird, sich systematisch mit der Generation Y auseinanderzusetzen, wurde versucht, die Generation Y umfassend zu typisieren und mittels empirischer Untersuchung deren Entscheidungsparameter hinsichtlich eines ,Employers of Choice' abzubilden und Unterschiede zu anderen Generationen bezüglich berufsbezogener Bedürfnisse zu erfassen. Dementsprechend waren die zentralen Forschungsfragen, die es innerhalb der vorliegenden Arbeit zu beantworten galt, welches Profil ein Arbeitgeber der Wahl für die Generation Y aufweisen muss und ob sich die Wahrnehmung der Arbeitgeberattraktivität in Abhängigkeit der Generationen in der Form unterscheidet, so dass eine generationsspezifische Ausrichtung des Personalmanagements statthaft erscheint.

---

[191] Vgl. hierzu Anhang A

Anhand der gewonnenen empirischen Daten wurden mittels inferenzstatistischer Untersuchungen (Mittelwertvergleiche, Korrelationsberechnungen sowie Regressionsanalysen) Ergebnisse generiert, die im Folgenden erörtert werden. Aus den gewonnenen Erkenntnissen werden dann - soweit möglich - personalwirtschaftliche Handlungsfelder in Bezug auf die Generation Y identifiziert und Implikationen zur Erhöhung der Arbeitgeberattraktivität abgeleitet.

In der ersten Forschungshypothese wurde vermutet, dass sich zwischen der Generation Y und den Vorgängergenerationen signifikante Unterschiede im Informationsbeschaffungsverhalten hinsichtlich eines potenziellen Arbeitgebers feststellen lassen sollten, welche eine generationsspezifische Ausrichtung der Aktivitäten zur Mitarbeitergewinnung rechtfertigen würden. Dies wurde begründet durch die anhaltende Debatte um generationsgerechtes Employer Branding und den zielgruppengerechten Einsatz von Personalmarketingaktivitäten in der einschlägigen personalwirtschaftlichen Literatur.

Die Annahmen der ersten Hypothese haben sich jedoch nur teilweise bestätigt. Unter elf verschiedenen, abgefragten Informationskanälen zeigten sich lediglich in vier Bereichen signifikante Gruppenunterschiede. Die Generation Y machte u.a. häufiger von Suchmaschinen via Internet und der Unternehmenshomepage Gebrauch, um sich über potenzielle Arbeitgeber zu informieren. Dies könnte darauf zurückzuführen sein, dass heutzutage kaum mehr ein Angehöriger der jüngeren Generation morgens ohne Smartphone, Tablet PCs oder Laptops das Haus verlässt und sich häufig schon auf dem Weg zur Arbeit umfassend über das aktuelle Tagesgeschehen informiert. Wird in der medialen Tagesberichterstattung ein bestimmtes Unternehmen erwähnt, ist die weiterführende Wissensfundierung nur einen ‚Klick' entfernt. Des Weiteren dürfte die Tatsache kaum zu ignorieren sein, dass sich die Generation Y generell technologieaffiner zeigt, als dies bei ihren vorhergehenden Generationen der Fall ist.

Da für die vorliegende Arbeit vor allem die Gruppe der ‚High Potentials' der Generation Y von Interesse ist, wurde weiterhin ein Gruppenvergleich von Akademikern und Nicht-Akademikern realisiert. Bedeutsame Unterschiede ließen sich hierbei nur hinsichtlich der direkten Erfahrung mit den Unternehmen feststellen. Akademiker wurden demnach signifikant häufiger durch direkten Kontakt auf ein Unternehmen aufmerksam als Nicht-Akademiker. Dies kann möglicherweise darin begründet sein, dass Studierende und Doktoranden bereits während ihrer akademischen Ausbildung in Form von Praktika oder Projektarbeiten mit Unternehmen in Berührung kommen und bei positiven Erfahrungen gewillt sind, erneut für diese Organisationen tätig zu werden.

Diese Überlegungen würden abermals die Bedeutung von Alumni- und Re-Hire-Management-Programmen unterstreichen, um langfristig mit den besten Talenten in Kontakt zu bleiben. Interessanterweise gaben in diesem Zusammenhang nur 3,6% der Befragungsteilnehmer der Generation Y an, durch Hochschulmarketingmaßnahmen auf Ihren derzeitigen Arbeitgeber aufmerksam geworden zu sein. Die meisten Millenials (27,8%) wurden durch Empfehlungen von Mitarbeitern, Freunden oder Bekannten auf ihren derzeitigen Arbeitgeber aufmerksam, was wiederum verdeutlicht, wie wichtig attraktive Personalprodukte im Unternehmen sind, um die derzeitig Beschäftigen oder aber auch bereits Ausgeschiedene als Advokaten des Arbeitgebers zu gewinnen. Gemäß der für die vorliegende Arbeit verwendeten Definition von hochqualifizierten Fachkräften in Form von Hochschulabsolventen oder Beschäftigten mit vergleichbarem Qualifikationsniveau, erworben durch mindestens fünfjährige, einschlägige Berufserfahrung, ergaben sich keine Unterschiede im Informationsverhalten in Abhängigkeit der bisherigen Berufserfahrung der Befragungsteilnehmer.

In der zweiten Hypothese wurde die Annahme getroffen, dass sich zwischen der Generation Y und den vorhergehenden Generationen Unterschiede hinsichtlich ihrer berufsbezogenen Bedürfnisse nachweisen ließen, welche die generationsspezifische Ausrichtung von Personalaktivitäten begründen würden. Anders als vermutet, zeigten sich in Abhängigkeit der Generationszugehörigkeit weitaus weniger signifikante Unterschiede als ursprünglich angenommen. Von 14 untersuchten berufsbezogenen Bedürfnissen konnten nur in drei Bereichen bedeutsame Abweichungen festgestellt werden, so dass die Hypothese größtenteils abgelehnt werden muss. Für den Faktor Familienfreundlichkeit zeigte sich jedoch, dass dieser sowohl für die Generation Y als auch für die Generation X signifikant wichtiger ist als für die Generation BB. Dies erscheint wenig verwunderlich, bedenkt man, dass es sich bei der Generation BB um die zwischen 1946-1965 Geborenen handelt, deren Kinderplanung hoher Wahrscheinlichkeit nach bereits abgeschlossen ist bzw. deren Nachwuchs sich vermutlich selbst schon im Erwachsenenalter befindet und somit keine Notwendigkeit für familienverträgliche Arbeitsmodelle mehr gegeben ist. Die Generation Y sowie die Generation X hingegen, stehen gegenwärtig entweder vor der Entscheidung eine eigene Familie zu gründen und den Überlegungen einer mit dem Arbeitsleben verträglichen Umsetzung oder sie sind bereits Eltern von Kindern und müssen sich dementsprechend mit den Herausforderungen der Vereinbarkeit von Familie sowie Beruf als auch den Betreuungs- und Unterbringungsmöglichkeiten neben ihrer beruflichen Tätigkeit auseinandersetzen.

Der Standort sowie Karriereaussichten als Attraktivitätsfaktoren unterscheiden sich in ihrer Relevanz für die Generation Y sowohl gegenüber der Generation X als auch der Generation BB. So ist der Standort für die Generation Y signifikant wichtiger. Wie bereits in den theoretischen Ausführungen der vorliegenden Arbeit aufgegriffen wurde, kommen Studien zu ambivalenten Ergebnissen hinsichtlich des beruflichen Sicherheitsbedürfnisses der Generation Y. Einigkeit scheint aber bezüglich der Bedeutung der privaten Absicherung dieser Generation zu herrschen. Die Schnelllebigkeit und Komplexität im Berufsleben führen dazu, dass die Generation Y zu erstaunlich konservativen Lebensentwürfen im Privaten neigt und sich stark mit der möglichen Zukunftsplanung und -sicherung auseinandersetzt. Diese Sehnsucht nach privater Sicherheit ist Ausdruck einer tiefen Verunsicherung, da bspw. Arbeitslosigkeit oder existenzielle Sorgen in der heutigen Zeit jedem drohen können und auch Scheidungen und Trennungen heute an der Tagesordnung stehen. So konnte in verschiedenen Studien ein Trend zur „sozialen Nahorientierung wie Freundschaft und Familie"[192] festgestellt werden, welcher die Wichtigkeit des Faktors Standort für einen Arbeitgeber begründen kann. Vor diesem Hintergrund ist die Generation Y ist im Gegensatz zu anderen Generationen vermutlich weniger bereit, die heimatlichen Wurzeln abzutrennen und dementsprechend nur gewillt sich berufsbedingt fern der Heimat niederzulassen, insofern der Arbeitgeber mit attraktiven Standorten (bestenfalls sogar in mehreren Ländern) punkten kann. Auf die zunehmende existenzielle Verunsicherung

---

[192] Hennis, A. (2010): Reihenhaus statt Rebellion, in: Focus Online (24. Juni 2013), http://www.focus.de/schule/familie/jugend-2010-reihenhaus-statt-rebellion_aid_551026.html

reagiert die Generation Y neben dem Rückzug ins Private mit erhöhtem Leistungs-denken und gesteigerter Karriereorientierung („Bildung als Schutz vor sozialem Ab-stieg"[193]), so dass Karriereaussichten zu einem ausschlaggebenden Kriterium bei der Wahl nach einem potenziellen Arbeitgeber werden. Merkmale, die in dieser Hinsicht von Bedeutung sind, sind für die Generation Y in erster Linie die Möglichkeit Füh-rungsverantwortung zu übernehmen (MW=2,07) und schnell im Unternehmen auf-steigen zu können (MW=2,15).

Da sich aufgrund der Generationszugehörigkeit weniger Unterschiede als vermutet zeigten, wurde weiterhin überprüft, ob sich Unterschiede hinsichtlich der berufsbezo-genen Bedürfnisse in Abhängigkeit anderer Variablen, wie dem Bildungsniveau, der Arbeitserfahrung, der Unternehmensgröße sowie der Personalverantwortung nach-weisen ließen.

Vor dem Hintergrund des demographischen Wandels und dem Mangel an hochquali-fizierten Fachkräften ist es für Unternehmen zur Besetzung von kritischen Positionen besonders wichtig, vor allem Akademiker oder Personen mit vergleichbarem Qualifi-kationsniveau durch mindestens 5-jährige einschlägige Berufserfahrung der Genera-tion Y positiv auf das Unternehmen aufmerksam zu machen und diese begehrten High Potentials als Arbeitnehmer für sich zu gewinnen. Daher wurde durch Gruppen-vergleiche weiterhin überprüft, ob sich Unterschiede hinsichtlich der berufsbezoge-nen Bedürfnisse ergeben, die die Ausrichtung der Personalaktivitäten speziell auf die Zielgruppe der High Potentials und Young Professionals rechtfertigt. Es stellte sich heraus, dass für Akademiker die *Arbeitsaufgabe* sowie *Flexibilität* von hochsignifikant wichtigerer Bedeutung war und für die Gruppe derjenigen, die zwischen 5 und 15 Jahren Berufserfahrung verfügten, vor allem die Wichtigkeit von *Karriereaussichten* signifikant höher eingestuft wurde.

Dies könnte möglicherweise darin begründet sein, dass für die Generation Y Selbst-verwirklichung im Privat- sowie im Berufsleben einen hohen Stellenwert einnimmt.[194]

---

[193] Hennis, A. (2010): Reihenhaus statt Rebellion, in: Focus Online (24. Juni 2013), http://www.focus.de/schule/familie/jugend-2010-reihenhaus-statt-rebellion_aid_551026.html
[194] Deutsche Gesellschaft für Personalführung e.V. (Hrsg.) (2011): Zwischen Anspruch und Wirklich-keit: Generation Y finden, fördern und binden, S.15

Nachdem die Young Professionals sich jahrelang in Hochschulen oder Universitäten für ihre zukünftige Berufstätigkeit vorbereiten und sich die vorausgesetzten Kenntnisse und Qualifikationen ausdauernd aneignen, erwarten sie nach ihrem Berufseinstieg folglich interessante berufliche Tätigkeiten und Arbeitsinhalte, die sowohl Spaß machen als auch Sinn bieten.

Ein weiterer Grund, warum die Arbeitsaufgabe vor allem für Akademiker von derart hoher Relevanz ist, könnte sein, dass sich gerade diese Gruppe von Menschen besonders stark durch ihren Beruf definiert. Bei vorsichtiger Interpretation könnte geschlussfolgert werden, dass die jahrelange Berufsvorbereitung zu einer besonders starken Job-Identifikation im Gegensatz zu Nicht-Akademikern führt, die sich mehr über Errungenschaften wie die Familie oder Hobbies abzugrenzen versuchen. Anerkennung der beruflichen Tätigkeit führen für Akademiker stärker zu Stolz, während Kritik am Beruf sie stärker zu kränken scheint. Diese starke Identifikation mit der beruflichen Aufgabe bis hin zur Selbstdefinition über den ausgeübten Beruf könnte ebenfalls erklären, warum Akademikern *Flexibilität* in Form von anpassungsfähigen Arbeitszeitmodellen sowie der Verschmelzung von Privat und Arbeit wesentlich wichtiger ist. Zu ähnlichen Ergebnissen kommt auch eine von der Kienbaum Management Consulting GmbH durchgeführte Studie, in der 980 Studierende zu ihren Motivatoren, die Arbeitswelt betreffend, befragt wurden. Herausfordernde Arbeit wurde auch dort als wichtigste Präferenz angegeben.[195]

Im Wettbewerb um die besten Köpfe bekommen es Unternehmen zunehmend mit Mitarbeitern zu tun, die sich bereits vor Arbeitsantritt ihren Arbeitgeber gemäß potenzieller Karriereaussichten aussuchen.[196] Während die ersten Berufsjahre vermutlich dazu genutzt werden, erst einmal Fuß im Berufsleben zu fassen und einen Grundstein in Richtung Karriere- und Familienplanung zu legen, steigen die Erwartung an einen Arbeitgeber mit zunehmender Berufserfahrung deutlich an. Die Arbeitnehmer

---

[195] Vgl. Kienbaum (2009/ 2010): Was motiviert die Generation Y im Arbeitsleben? Studie der Motivationsfaktoren der jungen Arbeitnehmergeneration im Vergleich zur Wahrnehmung dieser Generation durch ihre Manager, in: Personalwirtschaft.de (26. Juni 2013), http://www.personalwirtschaft.de/media/Personalwirtschaft_neu_161209/Startseite/Downloads-zum-Heft/0910/Kienbaum_GenerationY_2009_2010.pdf

[196] Vgl. Leffers, J. (2012): Gibt es ein Leben nach der Arbeit?, in: Spiegel Online (26. Juni 2013), http://www.spiegel.de/karriere/berufsstart/work-life-balance-gibt-es-ein-leben-neben-der-arbeit-a-833281.html

selbst wissen um ihren steigenden Wert und sind gewillt, die entsprechende Gegen-leistung vom Arbeitgeber diesbezüglich einzufordern.

Weitere Gruppenvergleiche unterstreichen diese Vermutungen. Mit dem Aufstieg der Karriereleiter und der Übernahme von Personalverantwortung werden Kriterien wie die *Leistungen des Arbeitgebers* sowie die *Karriereaussichten* für die Millenials zu-nehmend wichtiger, was dementsprechend darauf zurückzuführen sein könnte, dass die Arbeitnehmer mit wachsender Erfahrung nicht mehr bereit sind, sich unter Wert zu verkaufen. Letzte Vergleiche in Abhängigkeit der Unternehmensgröße zeigten, dass für die Beschäftigten der Generation Y, die in mittleren bzw. großen Unterneh-men tätig waren, *Karriere- und Entwicklungsmöglichkeiten* eine signifikant wichtigere Rolle spielten. Erklärung dieser Ergebnisse könnte sein, dass diejenigen, die ver-stärkt Wert auf diese Faktoren legen, eher in größeren Unternehmen tätig werden, da sie der Ansicht sind, ihre diesbezüglichen Bedürfnisse dort eher stillen zu können und mehr Möglichkeiten zur persönlichen Weiterentwicklung geboten zu bekommen als dies in Klein- oder Kleinstunternehmen der Fall ist.

Die Aussage der dritten Forschungshypothese lautete, dass der Grad der Erfüllung berufsbezogener Bedürfnisse das Maß der Mitarbeiterzufriedenheit der Generation Y vorhersagen würde. Mit Hilfe der multiplen Regression sollte diese Annahme über-prüft werden, indem als Prädiktoren die einzelnen berufsbezogenen Bedürfnisse auf-genommen wurden. In verschiedenen Regressionsmodellen wurde jeweils der Ein-fluss der Erfüllung unterschiedlicher Bedürfnisklassen auf die Mitarbeiterzufriedenheit prognostiziert. Im Rahmen der Vorhersage durch die Erfüllung berufsbezogener Ba-sisbedürfnisse erwiesen sich *Leistungen des Arbeitgebers* gefolgt von den *Arbeits-bedingungen* als wichtigste Prädiktoren für Mitarbeiterzufriedenheit. Kleine Werte der Skala *Leistungen des Arbeitgebers* (bspw. durch gute Bezahlung, Sozial- oder Zu-satzleistungen) sowie kleine Werte der Skala *Arbeitsbedingungen* (bspw. durch posi-tive physische Arbeitsplatzgestaltung, der Nähe zum Wohnort oder die seltene Notwendigkeit berufsbedingter Umzüge, Dienstreisen sowie Überstunden) gingen mit kleinen Werten der Skala *Mitarbeiterzufriedenheit* einher.[197]

Bei der Betrachtung berufsbezogener Sozialer Bedürfnisse zur Vorhersage für Mitarbeiterzufriedenheit, erwiesen sich der *Vorgesetzte*, gefolgt von der *Unternehmenskultur* und dem *Unternehmensimage* als Prädiktoren. Kleine Werte der Skala *Vorgesetzter* (bspw. durch hohe Motivation, klare Zielsetzung oder direkte Rückmeldung) sowie kleine Werte der anderen beiden Skalen *Unternehmenskultur* (bspw. durch positives Betriebsklima) und *Unternehmensimage* (bspw. durch gesellschaftliches Engagement) hatten demnach ebenfalls kleine Werte der Skala *Mitarbeiterzufriedenheit* zufolge. Bei der Vorhersage der *Mitarbeiterzufriedenheit* durch die Erfüllung von berufsbezogenen Wachstumsbedürfnissen zeigte sich, dass *Sinnstiftung* gefolgt von der *Arbeitsaufgabe* als Prädiktoren von entscheidender Bedeutung waren. Analog zu den bereits betrachteten Modellen führten auch hier kleine Werte der Skalen *Sinnstiftung* (bspw. durch die Vereinbarkeit der Tätigkeit mit den eignen Wertvorstellungen) und *Arbeitsaufgabe* (bspw. durch interessante Tätigkeiten) zu kleinen Werten der Skala Mitarbeiterzufriedenheit.

Die gemeinsame Betrachtung aller berufsbezogenen Bedürfnisse zur Prognose der Mitarbeiterzufriedenheit zeigte, dass insgesamt 45,0% der Varianz durch die in der vorliegenden Arbeit berücksichtigten Bedürfnisse erklärt werden konnten. Folglich sind 55,0% der Mitarbeiterzufriedenheit von anderen Kriterien abhängig. Weiterhin zeigte sich, dass bei der gemeinsamen Vorhersage der insgesamt 14 berufsbezogenen Bedürfnisse auf die Mitarbeiterzufriedenheit, die Faktoren Unternehmenskultur und -image als Prädiktoren wegfielen und lediglich die Faktoren *Sinnstiftung* (β=,196), gefolgt von dem *Vorgesetzten* (β=,151), der *Arbeitsaufgabe* (β=,143), den *Leistungen des Arbeitgebers* (β=,141) und letztendlich den *Arbeitsbedingungen* (β=,124) als Prädiktoren angesehen werden konnten. Es scheint, als würden *Unternehmensimage* und *-kultur* an Bedeutung verlieren, insofern andere Bedürfnisse in die Überlegungen miteinbezogen werden, und demensprechend keinen wichtigen Beitrag zur Vorhersage von Mitarbeiterzufriedenheit mehr leisten können.

---

[197] Zu beachten ist an dieser Stelle die entsprechende Variablencodierung der Skalen Mitarbeiterzufriedenheit (,1=sehr zufrieden' bis ,5=sehr unzufrieden') sowie der jeweiligen berufsbezogenen Bedürfnisse (,1=trifft vollkommen zu' bis ,5=trifft nicht zu').

In der vierten Forschungshypothese wurde die Annahme formuliert, dass es bezogen auf die Generation Y zwischen der Zufriedenheit der Mitarbeiter und den Wechselabsichten des Unternehmens einen negativen Zusammenhang geben würde. Die Hypothese konnte aufgrund der Korrelationsberechnung angenommen werden. Je zufriedener die Generation Y im Unternehmen ist, desto geringer ist der Wechselwunsch des Unternehmens (r=,406). Dieser Zusammenhang ließ sich ebenfalls für die Generation X (r=,333) und die Generation BB (r=,292) ermitteln. Die Korrelationseffizienten im Vergleich der Generationen zeigen allerdings, dass Unzufriedenheit bei den Millenials zu stärken Wechselabsichten des Unternehmens führt.

In der letzten Hypothese der vorliegenden Arbeit wurde die Vermutung postuliert, dass sich ein positiver Zusammenhang zwischen der Nicht-Erfüllung berufsbezogener Bedürfnisse und dem Wechselwunsch des Unternehmens bei der Generation Y nachweisen lassen würde. Auch diese Annahme konnte mittels Korrelationsberechnungen bestätigt werden. Je höher die Diskrepanz zwischen der persönlichen Relevanz berufsbezogener Bedürfnisse (und somit dem Arbeitgeberattraktivitätsfaktor) und dem Vorhandensein im derzeitigen Unternehmen war, desto größer war der Wechselwunsch des Unternehmens für die Millenials. Den stärksten Einfluss hatte die Nicht-Erfüllung von Wachstumsbedürfnisse für die Generation Y (r=-,292), gefolgt von der Nicht-Erfüllung von Basisbedürfnissen (r=-,231) und sozialen Bedürfnissen (r=-,201).[198] Ähnliche Ergebnisse ließen sich auch für die Generation X feststellen. Keinen signifikanten Einfluss hatte die Nicht-Erfüllung berufsbezogener Bedürfnisse auf den Wechselwunsch des Unternehmens für die Generation BB. Dies könnte möglicherweise darin begründet sein, dass Personen, die über die Zeit hinweg bzw. in Form langjähriger Berufserfahrung daran gewöhnt sind, Bedürfnisbefriedigung zu entbehren, die Fähigkeit zu höherer Frustrationstoleranz entwickeln.[199]

---

[198] Die Richtung der Korrelation ist an dieser Stelle invers zu interpretieren. Siehe hierzu die Vorgehensweise bei der Variablenbildung in Abschnitt 4.6

[199] Vgl. Knecht, M./ Pifko, C. (2010): Psychologie am Arbeitsplatz, S. 108

5.3   Personalwirtschaftliche Handlungsfelder zur Erhöhung der Arbeitgeberattraktivität

Wenn nun einerseits festgestellt werden konnte, dass aufgrund demographischer Einflussgrößen die Ausrichtung von Personalaktivitäten auf die Generation Y in deutschen Unternehmen weit oben auf der Agenda steht und andererseits ein Zusammenhang zwischen der Erfüllung berufsbezogener Bedürfnisse und der Mitarbeiterzufriedenheit der Generation Y besteht, so stellt sich die Frage, wie das Unternehmen oder Arbeitsplätze konkret zu gestalten sind, um positive Effekte zu verzeichnen.

Hinsichtlich der Zielsetzung zur besonderen Berücksichtigung der berufsbezogenen Bedürfnisse der Generation Y ist anzumerken, dass sich deren Bedürfnisse nicht wie ursprünglich erwartet in bedeutsamer Form von den Bedürfnissen ihrer Vorgänger unterscheiden. Nur hinsichtlich der drei Faktoren *Familienfreundlichkeit*, *Standort* und *Karriereaussichten* zeigten sich signifikante Unterschiede. Dies legt die Vermutung nahe, dass es sich bei berufsbezogenen Bedürfnissen um relativ homogene, substantiell ähnliche Erfordernisse aller Generationen bzgl. eines aktuellen oder potenziellen Arbeitgebers handelt. So sind scheinbar alle Individuen unabhängig von der Generationszugehörigkeit bestrebt, sich um die persönliche Existenzsicherung zu sorgen, haben alle gleichsam das Bedürfnis nach Akzeptanz, sozialer Zugehörigkeit und Eingliederung sowie das Bestreben, die eigenen individuellen Möglichkeiten zu realisieren, sich persönlich weiterzuentwickeln und ein sinnvolles Leben zu führen.[200] Dennoch sollen in den folgenden Abschnitten, basierend auf den Erkenntnissen der empirischen Untersuchung, geeignete Maßnahmen zur Gewinnung, Entwicklung und Bindung dieser Nachwuchskräfte der Generation Y vorgeschlagen werden, um somit Engpass-, Motivations- und Austrittsrisiken beizeiten entgegenwirken zu können und sich langfristig gegenüber der Konkurrenz durchzusetzen.

---

[200] Vgl. Knecht, M./ Pifko, C. (2010): Psychologie am Arbeitsplatz, S. 107 f.

5.3.1 Mitarbeitergewinnung und Employer Branding

Die Ergebnisse der empirischen Untersuchung verdeutlichten, dass die meist genutzten Kanäle zur Informationsbeschaffung hinsichtlich eines potenziellen Arbeitgebers der Generation Y das Internet, die Homepage des Unternehmens, Stellenanzeigen in den Medien sowie die persönliche Empfehlung und Erfahrungsberichte Bekannter, Freunde und ehemaliger Kollegen sind. Auf die Frage, wie die Probanden auf ihren bisherigen Arbeitgeber aufmerksam wurden, zeigte sich ein ähnliches Bild.

Gemäß diesen Ergebnissen bestätigt sich, wie wichtig eine qualitativ hochwertige Internetpräsenz des Unternehmens als erster Kontaktpunkt für Interessierte aller Generationen ist. Je authentischer die Unternehmenskultur und das Arbeitgeberversprechen bereits auf der Website kommuniziert werden, desto stärker ist ebenfalls der Einfluss auf die zahlreichen informellen Informationskanäle. Die Kommunikation auf Karriere-Websites sollte dabei von potenziellen Bewerbern nicht lediglich als Werbetext, sondern als substanzielle Information wahrgenommen werden, die eindeutig einem spezifischen Arbeitgeber zuzuordnen ist. Bei der Gestaltung von Websites sollte auf die Darbietung tatsächlicher Fakten mit ‚Ecken und Kanten' sowie auf authentische Mitarbeiter Wert gelegt und von gestellten, mit Models besetzten Fotos und Reportagen Abstand genommen werden. Die Aufrichtigkeit gegenüber potenziellen Bewerbern beginnt bereits hier. „Übertriebene oder gar falsche Darstellungen heben die Bildung einer attraktiven Arbeitgebermarke aus und führen letzten Endes dazu, dass Kandidaten schnell wieder abwandern, wenn der Unternehmensalltag anders erlebt wird."[201]

Analog verhält es sich mit der Erstellung unternehmerischer Berichterstattung über Social Media Plattformen, wie Facebook etc. Der Aufwand für die Erstellung eines solchen Kommunikationstools hält sich initial in Grenzen, wohingegen die wahre Herausforderung in der kontinuierlichen Pflege liegt. Auch hierbei ist auf eine authentische Informationsbereitstellung zu achten, da sämtliche Inhalte jederzeit von der gewünschten Zielgruppe auf ihren Wahrheitsgehalt überprüft werden können. „Die

---

[201] Deutsche Gesellschaft für Personalführung e.V. (Hrsg.) (2011): Zwischen Anspruch und Wirklichkeit: Generation Y finden, fördern und binden, S. 26

beste Marketingstrategie ist [...] wirkungslos, wenn die entsprechenden Produkte fehlen. Für das Arbeitgebermarketing in Bezug auf die Generation Y bedeutet dies, erst Angebotspakete zu schnüren, die für die jeweilige Zielgruppe attraktiv sind [...] und dann ausgiebig darüber zu berichten."[202]

Stimmen die offerierten Personalprodukte mit den Anforderungen und Bedürfnissen der Millenials überein, so wird dies auch von derzeitigen und ehemaligen Mitarbeitern in Form von loyalen Fürsprechern für das Unternehmen weitergetragen. Die Untersuchung zeigte, dass der bedeutendste Informationskanal bezüglich eines potenziellen Arbeitgebers weiterhin Empfehlungen von Bekannten sind und gerade die Gruppe der High Potentials verstärkt durch *direkte Erfahrungen mit dem Unternehmen* (bspw. in Form von Praktika) auf ihren derzeitigen Arbeitsplatz aufmerksam wurden.[203]

Diese Ergebnisse bestätigen die Entwicklung weg von Sofortmaßnahmen und Ad-hoc-Stellenausschreibungen im Falle von vakanten Positionen hin zu langfristigen Beziehungen mit potenziellen Bewerbern. Unternehmen, denen es gelingt, Nachwuchskräfte im Rahmen von Talent-Relationship-Management-Programmen frühzeitig an das Unternehmen zu binden, können später aus einem Talente-Pool schöpfen. Gleiches gilt für aus dem Unternehmen ausscheidende Mitarbeiter: Sollten sich Talente aufgrund günstigerer Karriereaussichten zu einem gewissen Zeitpunkt für einen konkurrierenden Arbeitgeber entscheiden, bedeutet dies nicht, dass er nach friedlicher Trennung im Rahmen einer späteren Beschäftigung nicht erneut für das Unternehmen tätig werden kann. In diesem Zusammenhang kann außerdem die Implementierung eines Mitarbeiter-Empfehlungs-Programmes von Vorteil sein. Teilweise werden die besten Mitarbeiter des Unternehmens sogar explizit von ihren Vorgesetzten danach befragt, ob sie im Bekanntenkreis über potenzielle Talente verfügen, die für das Unternehmen abgeworben werden können.[204] „The logic behind formal or in-

---

[202] Deutsche Gesellschaft für Personalführung e.V. (Hrsg.) (2011): Zwischen Anspruch und Wirklichkeit: Generation Y finden, fördern und binden, S. 27

[203] Loewe, H./ Severing, E. (Hrsg.) (2009): Als Arbeitgeber attraktiv. Leitfaden für die Bildungspraxis, S. 7

[204] Vgl. Tulgan, B. (2009): Not everyone gets a trophy. How to manage the Generation Y, S. 22 und Trost, A. (2012): Talent Relationship Management

formal employee referrals programs is that winners hang out with winners."[205] Aufgrund der starken Fokussierung der Generation Y auf persönliche Beziehungen und einer ausgewogenen Work-Life-Balance ist die Beschäftigung eines „best friend at work"[206] weiterhin eine gute Möglichkeit, die Mitarbeiterzufriedenheit zu erhöhen. Die Millenials werden allerdings nur dazu bereit sein, Freunde für das Unternehmen zu werben, insofern sie mit den Konditionen und Gegebenheiten bei dem derzeitigen Arbeitgeber zufrieden sind. Sollten sie von der Rekrutierung im Bekanntenkreis Abstand nehmen, sind dies ernstzunehmende und besorgniserregende Informationen, denen im Unternehmen zwingend Beachtung geschenkt werden muss.

Auch wenn diese Maßnahmen teilweise zunächst Geld und Einsatz erfordern, so können sie später viel Aufwand im Rekrutierungsprozess sparen. Gerade die sehr geringen Zahlen der empirischen Untersuchung hinsichtlich Hochschulmarketingmaßnahmen oder Jobmessen zeigen an dieser Stelle, wie viel Potenzial noch in diesen Marketingaktivitäten steckt. Um im Wettbewerb um die besten Talente heutzutage bestehen zu können, ist es weiterhin wichtig, einen systematischen Rekrutierungsansatz zu verfolgen, der einen schnellen und unkomplizierten Bewerbungsprozess sicherstellt. Dauert es guten Kandidaten zu lange, bis sie auf ihre Bewerbung Rückmeldung, eine Einladung zum Interview oder ein Angebot erhalten, orientieren sie sich anderweitig und wechseln zum Wettbewerber.[207] Hier können sich telefonische Interviews für ein erstes Kennenlernen aufgrund enger Zeitrahmen oder weite Wege von Vorteil erweisen oder gar Interviews via Webcam (z.B. durch Skype) geführt werden. Dies ist für die Generation Y wiederum ein Indiz, dass das Unternehmen technologisch modernen Standards entspricht.[208]

5.3.2 Mitarbeiterentwicklung

Für den Bereich Aus- und Weiterbildung erscheint es von wachsender Bedeutung, das methodische Repertoire um Konzepte zu erweitern, die den Bedürfnissen der Millenials gerecht werden. Die Motivation zum Qualifikationserwerb der Generation Y

---

[205] Tulgan, B. (2009): Not everyone gets a trophy. How to manage the Generation Y, S. 22
[206] Ebenda
[207] Vgl. a.a.O., S. 20
[208] Vgl. Deutsche Gesellschaft für Personalführung e.V. (Hrsg.) (2011): Zwischen Anspruch und Wirklichkeit: Generation Y finden, fördern und binden, S. 31

erfolgt mittlerweile zunehmend aus Gründen der Statussicherung anstelle der eigentlichen Karriereförderung. Daher legen Bewerber bei der Auswahl eines potenziellen Arbeitgebers gesteigerten Wert darauf, dort auch Möglichkeiten zur Weiterentwicklung vorzufinden. Dieser Anspruch der Millenials wird indes so weit wachsen, dass Standardangebote zur Personalentwicklung zukünftig wenig überzeugen. Je wichtiger der Aspekt der Kompetenzentwicklung für die Entscheidung für oder gegen einen Arbeitgeber wird, desto mehr werden die Alleinstellungsmerkmale eines Personalentwicklungssystems in den Vordergrund rücken.[209] Diese Ausführungen, die wachsende Bedeutung von Entwicklungsmöglichkeiten für die Generation Y betreffend, entsprechen auch den Ergebnissen der durchgeführten Untersuchung. Es zeigte sich, dass Entwicklungsmöglichkeiten zwar für alle Generationen von hohem Stellenwert sind, für die Generation Y jedoch von größter Relevanz. Des Weiteren konnte festgestellt werden, dass die Wichtigkeit persönlicher Entwicklungsmöglichkeiten und Karriereaussichten für die Millenials mit zunehmender Unternehmensgröße sogar weiter ansteigt, was mit steigenden Erwartungen und Ansprüchen an Großunternehmen verbunden sein könnte.

Millenials äußern einen großen Wunsch nach Kontext und Kontrolle, Struktur und Grenzen, Anleitung und Führung sowie stetigem Feedback und erwarten Klarheit über gemeinsam zu erreichende Ziele. Zu diesem Zweck bietet sich ein durchgängiges Performance Management System an, mit dessen Hilfe individuelle Ziele aus den Unternehmenszielen abgeleitet werden und relativ schnell transparente Entwicklungspläne für Mitarbeiter entwickelt werden können. Da die Generation Y besonderen Wert auf persönliche Weiterentwicklung und Karriereaussichten legt, sind neue Konzepte zur Laufbahn- und Karrieregestaltung erforderlich, wie bspw. Experten- und Projektmodelle, die gleichberechtigt neben traditionelle Führungslaufbahnen treten. Ebenfalls zweckmäßig erscheint die horizontale Rotation auf gleicher Hierarchie-Ebene, ggf. auch in Form von internationalen Arbeitseinsätzen, um Millenials einen ihren Wünschen entsprechenden vielseitigen Erfahrungsaustausch zu ermöglichen.[210] Um Young Professionals optimal zu entwickeln und an das Unternehmen zu

---

[209] Bünnagel, W. (2010): Personalentwicklung als Marke, in: Personalmagazin Nr. 08/10, S. 31
[210] Vgl. Klaffke, M./ Parment, A. (2011): Herausforderungen und Handlungsansätze für das Personalmanagement von Millenials, in: Klaffke, M. (Hrsg.): Personalmanagement von Millenials, S. 17

binden, bieten sich neben Führungskräften, Personalbetreuern und Teamkollegen als wichtige Ansprechpartner auch Career Counselling- oder Mentoring-Programme an. So kann ein unternehmensinterner Karriereberater alle Fragen bezüglich Entwicklungs- und Laufbahnplanung beantworten und ein erfahrener Mentor oder Coach das persönliche Weiterkommen im Unternehmen durch Tipps, Hinweise oder Kontakte formeller oder informeller Art unterstützen. Hierbei sollte weiterhin darauf geachtet werden, dass Mentor und Mentee aus anderen Unternehmensbereichen kommen, um zusätzlich neue Sichtweisen und Einblicke gewinnen zu können. Vor diesem Hintergrund gilt es den Führungskräften ihre Verantwortung für die Förderung ihrer Mitarbeiter zu verdeutlichen. Nur wenn der Aspekt der Mitarbeiterförderung ebenfalls im Performance Management der Führungskräfte berücksichtigt wird, wird die diesbezügliche Verantwortung von allen Beteiligten dementsprechend ernst genommen, d.h. die Managementleistung muss u.a. auch am Aus- und Aufbau der Mitarbeiterqualifikationen gemessen, beurteilt und belohnt werden. Hierzu zählt ebenfalls das Erfordernis, rechtzeitig Nachfolger für die eigene und weitere Schlüsselpositionen im Team zu entwickeln. Dies dient zudem als Motivations- und Bindungsfaktor für die Generation Y, indem sie erkennen, Bestandteil der unternehmensinternen Nachfolgeplanung zu sein.[211]

Einen anregenden Rahmen können des Weiteren auch ‚Company-Universities' und Mitarbeiter-Akademien geben, deren Angebotspalette unverkennbar am zukünftigen Kompetenzbedarf des Unternehmens ausgerichtet sein sollte und die Mitarbeiter darin unterstützt, lebenslang zu lernen sowie die eigene Beschäftigungsfähigkeit (die sog. ‚Employability') auszubauen. Diese Aspekte treffen in besonderem Maße auch für die internen Trainer, Tutoren und Dozenten zu, indem die Weitergabe von Wissen eine herausragende Möglichkeit darstellt, sich selbst zu entwickeln und die eigenen Kenntnisse ‚up-to-date' zu halten. In diesem Zusammenhang sollte ein ‚Blended-Learning-Ansatz' verfolgt werden, der eine interessante Angebotsvielfalt in Form verschiedener Lernmöglichkeiten und -methoden bietet. Dies könnte bspw. in Form von E-Learning unterstützt werden, um ein zeit- und ortsunabhängiges Lernen zu ermöglichen und gleichzeitig dem Wunsch der Generation Y nach dem Einsatz neuester

---

[211] Vgl. Deutsche Gesellschaft für Personalführung e.V. (Hrsg.) (2011): Zwischen Anspruch und Wirklichkeit: Generation Y finden, fördern und binden, S. 34 f.

Technologien gerecht zu werden.[212] Der Rückgriff auf moderne, webbasierte Technologien könnte weiterhin zur Zusammenarbeit in realen, virtuellen und abteilungsübergreifenden Teams und Projekten verhelfen, die die Gelegenheit zur Kollaboration und Vernetzung innerhalb des Unternehmens fördern – eventuell sogar über Landesgrenzen hinaus.[213]

5.3.3 Mitarbeiterbindung

In einer Welt voller Möglichkeiten ist es nicht einfach, erfolgreiche Talente auf Dauer an ein Unternehmen zu binden. Die Personalbindung der Generation Y beginnt bereits am ersten Arbeitstag mit der Gestaltung des Einstiegs und der ersten Orientierung, denn hierbei zeigt sich sehr deutlich, wie mit Mitarbeitern im Unternehmen umgegangen wird. Nicht verfügbare Vorgesetzte, nachlässig ausgestattete Arbeitsplätze sowie nicht informierte Kollegen mindern die Freude auf die neue Herausforderung maßgeblich. Um diesem Szenario vorzubeugen, bieten sich Ablaufpläne zur Integration und Einarbeitung neuer Mitarbeiter an, die den neuen Kollegen ferner verhelfen, schneller im Unternehmen Fuß zu fassen. Hierzu zählen auch Einführungsveranstaltungen, die je nach Unternehmensgröße und -komplexität von wenigen Stunden über mehrere Wochen dauern können. Da Neueintritte zu allen möglichen Zeitpunkten im Unternehmen erfolgen, ist es gewiss kein gangbarer Weg Orientierungsveranstaltungen im wöchentlichen Rhythmus anzubieten, jedoch sollten die neuen Mitarbeiter nicht aufgrund monatelanger Wartezeit gezwungen werden, sich erforderliches Wissen mühsam selbst anzueignen.[214] „Die Probezeit beruht auf Gegenseitigkeit: Nicht nur der Mitarbeiter, sondern auch das Unternehmen steht auf dem Prüfstand."[215]

Wie die Ergebnisse der empirischen Untersuchung zeigten, sind für Millenials im Gegensatz zu anderen Generationen vor allem die Faktoren Familienfreundlichkeit, Standort sowie Karriereaussichten von besonderer Bedeutung. Einen diesbezügli-

---

[212] Vgl. Deutsche Gesellschaft für Personalführung e.V. (Hrsg.) (2011): Zwischen Anspruch und Wirklichkeit: Generation Y finden, fördern und binden., S. 36
[213] Vgl. Klaffke, M./ Parment, A. (2011): Herausforderungen und Handlungsansätze für das Personalmanagement von Millenials, in: Klaffke, M. (Hrsg.): Personalmanagement von Millenials, S. 17
[214] Vgl. Deutsche Gesellschaft für Personalführung e.V. (Hrsg.) (2011): Zwischen Anspruch und Wirklichkeit: Generation Y finden, fördern und binden, S. 32
[215] Ebenda

chen Ansatzpunkt kann bspw. die innerbetriebliche Kinderbetreuung darstellen. Da viele Young Professionals und Berufsanfänger einen Kinderwunsch hegen oder bereits kleine Kinder haben, können sich Unternehmen, die sich explizit um Kinderbetreuung sorgen, positiv gegenüber der Konkurrenz abgrenzen. Außerdem erregen Maßnahmen dieser Art öffentliche Aufmerksamkeit und fungieren sozusagen gleichzeitig als PR-Aktion. Weiterhin ist es für Arbeitgeber wichtig, die internen Karrieremöglichkeiten zu betonen. Angehörige der Generation Y befürchten häufig „bei einem Arbeitgeber hängen zu bleiben."[216] Hintergrund dieser Sorge und gleichzeitig Auslöser für die zahlreichen Jobwechsel der Millenials ist der Wunsch, breite Erfahrungen aus verschiedenen Branchen und Kontexten zu erwerben sowie weiterhin Zusammenhänge, Länder und Kulturen aus Gründen der Selbstverwirklichung kennenzulernen. Wenn das Unternehmen diesen Bestrebungen aufgrund der Unternehmensgröße und der zur Verfügung stehenden Standorte entsprechen kann, erhöht sich die Chance, dass Mitarbeiter der Generation Y gerne auch langfristig für eine Organisation arbeiten. Multinationale Unternehmen sind diesbezüglich im Vorteil, da sie naturgemäß häufiger die Option zur Arbeit im Ausland bieten und Abwechslung in Form von verschiedenartigen Aufgaben ermöglichen können.[217] Hinlängliche Voraussetzung hierfür ist allerdings ein organisationsübergreifendes internes Mitarbeiter-Transfersystem, welches weltweite Vakanzen des Unternehmens aufzeigt und das erforderliche Qualifikations- und Leistungsniveau der potenziellen Kandidaten transparent macht sowie die beschriebenen Erfordernisse der Mitarbeiterentwicklung berücksichtigt. Ein derartiges System trägt auch dem von der Generation Y als wichtig erachteten Faktor Standort Rechnung.

Um dauerhaft als begehrter Arbeitgeber gelten zu können, ist es essentiell das Angebot der Wettbewerber auf dem Markt gut zu kennen sowie immer wieder selbstkritisch zu hinterfragen, wie es um die Attraktivität des eigenen Unternehmens als auch um die Stärken und Defizite bestellt ist. So sollten Unternehmen um die Etablierung eines kontinuierlichen Feedback-Systems bemüht sein, welches nicht nur auf Basis traditionsgemäß jährlich geführter Mitarbeitergespräche Rückmeldung bietet, sondern einen regelmäßigen Informationsaustausch gewährleistet. Die innere Qualität

---

[216] Parment, A. (2009): Die Generation Y. Mitarbeiter der Zukunft, S. 111
[217] Vgl. a.a.O., S. 112

eines Unternehmens zählt dauerhaft. Hierbei sollte dem Gedanken Rechnung getragen werden, dass mit der Einstellung eines Mitarbeiter für das Unternehmen eine langfristige Beziehung beginnt, die nicht zwingenderweise abbrechen muss, wenn die betreffende Person die Arbeit beendet oder zu einem Konkurrenten wechselt. Ausscheidende Mitarbeiter werden Alumni, die wünschenswerterweise nach einigen Jahren mit neuen Erfahrungen und weiteren Qualifikationen in das Unternehmen zurückkehren und erneut einen positiven Wertbeitrag leisten.[218]

5.4   Fazit und Ausblick auf Grundlage der Erkenntnisse

Ziel der vorliegenden Masterthesis war es, den Arbeitgeber der Wahl für die Generation Y darzustellen, sowie die entsprechenden Attraktivitätsfaktoren hinsichtlich eines Wunscharbeitgebers sowie die berufsbezogenen Bedürfnisse dieser Generation zu beleuchten. Des Weiteren wurde versucht, Herausforderungen und Erfolgsfaktoren des Personalmanagements zur Steigerung der Arbeitgeberattraktivität vor dem Hintergrund des demographischen Wandels hervorzuheben und zu untersuchen, ob sich diese Faktoren und Bedürfnisse von anderen Generationen unterscheiden.

Die Diskussion um die Andersartigkeit neuer Generationen, häufig in Form von Negativzuschreibungen, ist nicht neu: „They resent work that does not allow them to improve their skills and maintain their marketability. They want to be free to respond individually to customers and clients, to be entrepreneurs instead of narrow specialists. They want to be treated as whole persons, not as role performers. Yet they are wary of being swallowed up by work. Motivated to succeed in family life as well as in career, and to balance work with play they continually question how much of themselves to invest in the workplace. They want to know why they are working, as opposed to expressing themselves outside of the job."[219] Dieses Zitat beschreibt nicht die Bedürfnisse der Generation Y, sondern entstammt einem Management-Ratgeber aus dem Jahr 1988, in dem die Millenials noch fernab der Berufstätigkeit standen. Schon Sokrates soll gesagt haben: „Die Jugend liebt heute den Luxus. Sie hat

---

[218] Vgl. Parment, A. (2009): Die Generation Y. Mitarbeiter der Zukunft, S. 108
[219] Maccoby, M. (1988): Why work – Leading the new generation, S. 20, zitiert nach Henning, R. (2012): Hotellerie und Generation Y, S. 131

schlechte Manieren, verachtet die Autorität, hat keinen Respekt mehr vor älteren Leuten und diskutiert, wo sie arbeiten sollte."[220]

An dieser Stelle wird deutlich, dass die angebliche veränderte Einstellung der Generation Y nicht zwingerderweise durch Generationseffekte aufgrund gemeinsam geteilter Erfahrungen bedingt ist, sondern eventuell durch Alterseffekte begründet. Dies würde dafür plädieren, dass die Personalarbeit nicht generationsorientiert sondern lebensphasenorientiert ausgerichtet werden muss. [221] Eine methodisch saubere Isolierung von Generations- und Alterseffekten ist jedoch nur durch wissenschaftlich umfassende Längsschnittstudien möglich, die die heutige Generation Y, die sich derzeit in ihren 20er bis 30er Jahren befinden in etwa zwei Jahrzehnten erneut zu ihren berufsbezogenen Bedürfnissen befragt und eine mögliche Veränderung der Einstellung überprüft, sowie die Ergebnisse mit den Antworten der heute 40 bis 50-Jährigen vergleicht.

Es wird jedoch angenommen, dass das Erleben gemeinsamer politischer, sozialer und wirtschaftlicher Ereignisse im bisherigen Lebensverlauf der Generation Y sich als nachhaltig prägend für gemeinsame Präferenzen und Bedürfnisse hinsichtlich eines Arbeitgebers auswirkt. Es darf dabei allerdings nicht außer Acht gelassen werden, dass auch die Millenials immer zuerst als Individuum und nicht als Angehörige einer bestimmten Generation betrachtet werden sollten und es zahlreiche weitere soziodemographische Faktoren gibt, die das Denken und Handeln von Menschen beeinflussen. Diese Erläuterungen wurden anhand der Ergebnisse der empirischen Untersuchung bestätigt, indem sich weitaus weniger bedeutsame Unterschiede zwischen den Generationen aufzeigen ließen, als ursprünglich vermutet. Es präsentierten sich hingegen innerhalb der Generation Y bedeutsame Unterschiede, die in Abhängigkeit des Bildungsniveaus, der Berufserfahrung, der Personalverantwortung sowie der Unternehmensgröße erklärt werden konnten. Werden die Attraktivitätsfaktoren und berufsbezogenen Bedürfnisse, die sich für die Millenials als bedeutungsvoll erwiesen zusammengefasst, ergibt sich folgender ‚Wunschzettel':

---

[220] Biemann, T./ Weckmüller, H. (2013): Generation Y: Viel Lärm um fast nichts, in: Personal quaterly Nr. 01/13, S. 46
[221] Vgl. a.a.O., S. 47

- Offene, angenehme und vertrauenswürdige *Unternehmenskultur*
- Interessante und herausfordernde *Arbeitsaufgaben*
- *Sinnstiftung* durch die Vereinbarkeit der eigenen Wertvorstellungen sowie persönliche Identifikation mit der beruflichen Tätigkeit
- Unterstützender und motivierender *Vorgesetzter*
- Angemessene *Leistungen des Arbeitgebers* (z.B. Vergütung, Sozial- und Zusatzleistungen)
- Transparente *Arbeitsorganisation* durch eindeutige Verantwortlichkeiten, Richtlinien und Regelwerke
- Fortschrittlicher Einsatz von *Informationstechnologien* (und entsprechende Arbeitsplatzausgestaltung)
- Gute *Karriereaussichten* innerhalb des Unternehmens
- Attraktiver *Standort*
- *Flexibilität* hinsichtlich der Arbeitszeitmodelle und der Abgrenzung von Arbeit und Privat
- Umfassende *Entwicklungsmöglichkeiten*
- Physisch und psychisch gesunde *Arbeitsbedingungen*
- Positives *Unternehmensimage* durch gesellschaftliches Engagement und ökologisch vertretbares Handeln
- *Familienfreundlichkeit* des Arbeitgebers durch die Ermöglichung von Elternzeit und KinderbetreuungEs ist festzustellen, dass all diese Aspekte nicht nur für die Millenials Bestand haben, sondern wie auch die empirische Untersuchung zeigen konnte, für alle Generationen gelten – wenn auch in unterschiedlichem Maße. Allerdings führen die beschriebenen Entwicklungen auf dem Arbeitsmarkt und die damit verbundene Macht und Durchsetzungsfähigkeit der mangelnden hochqualifizierten Fachkräfte der Generation Y dazu, dass diesen Faktoren deutlich mehr Relevanz zugemessen wird als in der Vergangenheit. Viele längst bekannte Anforderungen und Bedürfnisse an einen attraktiven Arbeitgeber werden von den Millenials nachdrücklicher eingefordert, als von vorhergehenden Generationen. So gilt es genau zu eruieren, was spezifisch für die Generation Y und was allen ein Bedürfnis ist. Nur so kann ein ausgewogenes und gerechtes Personalmanagement entstehen, welches das Fun-

dament dafür legt, dass die richtigen Mitarbeiter sich für das Unternehmen entscheiden und bleiben.

Anhangsverzeichnis

Anhang A: Übersicht zu Arbeitgeberattraktivitätsstudien

Arbeitgeberattraktivitätsmodelle/ Arbeitgeberattraktivitätsstudien	Dimensionen
Great Place to Work[222]	• Glaubwürdigkeit (Kommunikation, Kompetenz, Integrität) • Respekt (Förderung, Zusammenarbeit, Fürsorge) • Fairness (Gleichheit, Neutralität, Gerechtigkeit) • Stolz (Tätigkeit, Team, Unternehmen) • Team (Vertrautheit, Freundlichkeit, Zusammengehörigkeit)
Studien zu Arbeitgeber-Attraktivität in Zusammenarbeit der Bertelsmann Stiftung und des DGFP[223]	• Unternehmensgröße • Wirtschaftliche Situation des Unternehmens • Unternehmensbranche • Erwartungen an den Arbeitgeber: Intrinsische Motivation, Arbeitsaufgabe, Ressourcen und Arbeitsmittel, Arbeitsabläufe, Kollegen, Direkter Vorgesetzter, Unternehmensleitung, Anerkennung, Lohn & Gehalt, Berufliche Entwicklungsmöglichkeiten, Sozial- und Nebenleistungen, Arbeitsverfahren (Vorschriften & Vorgehensweisen), Personalpolitik, Arbeitsumfeld, Work-Life-Balance, Standort
Bester Arbeitgeber Deutschland[224]	• Image und Corporate Social Responsibility • Bezahlung • Anerkennung • Arbeitszeit • Familie und Gesundheit • Ausstattung, Wohlfühlen
Arbeitgeberimage Energie 2012 Studie über die Arbeitgeberattraktivität der Energiewirtschaft in Deutschland[225]	• Gutes Arbeitsklima • Herausfordernde Aufgaben/ Tätigkeiten • Zukunftsfähigkeit des Unternehmens • Vielfältige Weiterbildungsmöglichkeiten (intern/ extern) • Flexible Arbeitszeiten • Hohe Arbeitsplatzsicherheit • Balance zwischen Berufs- und Privatleben • Offene Unternehmenskultur/ -kommunikation • Gute/s Gehalt/ Sozialleistungen/ Zusatzleistungen • Viele Freiheiten und Handlungsspielräume • Attraktive Produkte und Dienstleistungen • Gute Aufstiegs- und Entwicklungsmöglichkeiten • Attraktives Gesundheitsmanagement • Attraktive/r Standort/e des Unternehmens • Internationaler Aktionsrahmen/ Einsatzmöglichkeiten • Kinderbetreuung im Unternehmen

---

[222] Vgl. Hauser, F. (2009): Wahre Schönheit kommt von innen: Der Great Place to Work®-Ansatz , in: Trost, A. (Hrsg.): Employer Branding – Arbeitgeber positionieren und präsentieren, S. 102

[223] Studie: Was Arbeitgeber attraktiv macht (29. März 2013), http://static.dgfp.de/assets/publikationen/2004/04/was-arbeitgeber-attraktiv-macht-ergebnisse-einer-wunschprofilerhebung-bei-potenziellen-bewerbern-1395/arbeitgeber.pdf

[224] Vgl. Bester Arbeitgeber Deutschland (24. März 2013), http://de.statista.com/download/Bester_Arbeitgeber_Leseprobe.pdf

[225] Vgl. Arbeitgeberimage Energie 2012 (29. März 2013), http://www.energyrelations.de/arbeitgeberimage-energie/img/Arbeitgeberimage_Energie_2012_online.pdf

Als Arbeitgeber attraktiv – auch in schwierigen Zeiten Ergebnisse einer Online-Befragung bayerischer Arbeitgeber im Auftrag des Zentrums für betriebliches Weiterbildungsmanagement (Zbw)[226]	• Work-Life-Balance • Unternehmenskultur • Innovationsfähigkeit • Personalentwicklung • CSR-Maßnahmen • Diversity Management
Towers Perrin Deutschland Global Workforce Studie: Was Mitarbeiter bewegt und erfolgreich macht – Gewinnen, Binden und Motivieren von Mitarbeitern als erfolgskritischer Beitrag zum Unternehmen[227]	• Vergütung (Grundgehalt, Vergütung im Vergleich zu Kollegen) • Nebenleistungen (Programme, Gesundheitsvorsorge) • Lern- und Entwicklungsmöglichkeiten (Kommunikation von Entwicklungsmöglichkeiten, Zugang zu verschiedenen Lernmöglichkeiten, Aufstiegsmöglichkeiten, Abwechslungsreiche Arbeit, Verbesserung der Fachkenntnisse und beruflichen Kompetenzen, Beeinflussung von Arbeitsprozessen) • Arbeitsumfeld (Ausreichende Entscheidungsfreiheit, Hohes Maß an Selbstständigkeit, Ruf des Unternehmens als Arbeitgeber, Bindung von erfolgskritischen Mitarbeitern, Leistung/ Qualität der Kollegen, Motivation durch den Vorgesetzten, teamübergreifende Zusammenarbeit, finanzielle Situation des Unternehmens, geringe Machtdistanz zum Management, Inspiration durch den Vorgesetzten, Work-Life-Balance)
CuraViva Schweiz: Maßnahmen und Empfehlungen zur Steigerung der Arbeitgeberattraktivität[228]	• Finanzielle Anreize • Arbeitszeitmodelle • Arbeitstätigkeit • Klima im Arbeitsteam • Organisationsstruktur • Unternehmenskultur • Menschenbild der Führungsperson • Gerechtes Führungshandeln • Führungstechniken • Personalentwicklung • Neues Personal • Innovation • Wirtschaftliches Denken • Politische Rahmenbedingungen • Attraktive Region • Reputation • Öffentlichkeitsarbeit
Top Arbeitgeber Deutschland[229]	• Einflussfaktoren • Vergütung & Sozialleistungen • Aus- und Weiterbildung • Personalentwicklung • Karrierechancen • Arbeitsbedingungen • Unternehmenskultur
Top Job Studie[230]	• Führung & Vision • Motivation & Dynamik • Kultur & Kommunikation • Mitarbeiterentwicklung & Perspektive • Familienorientierung & Demografie • Internes Unternehmertum

Abbildung 34: Übersicht zu Arbeitgeberattraktivitätsstudien und -modellen

---

[226] Vgl. Zentrum für betriebliches Weiterbildungsmanagement (29. März 2013), http://www.f-bb.de/fileadmin/Materialien/Instrumente/Expertise_Arbeitgeberattraktivitaet.pdf
[227] Vgl. Towers Perrin Deutschland Global Workforce Studie (29. März 2013), http://www.towersperrin.com/tp/getwebcachedoc?webc=HRS/DEU/2007/200701/GWS.pdf
[228] Vgl. Curaviva Schweiz (29. März 2013), http://upload.sitesystem.ch/B2DBB48B7E/4BFEA0B204/A52460A96A.pdf
[229] Vgl. Top Arbeitgeber Deutschland (29. März 2013), http://www.toparbeitgeber.com/employers/Teilnehmen.aspx
[230] Vgl. Top Job Studie (30. März 2013), http://www.sphinxonline.net/compamedia/wahlomatan/wahlomatan.hyp

Anhang B: Fragebogen

Online-Umfrage: Einflussfaktoren auf die Arbeitgeberattraktivität

Begrüßung und Einleitung

Liebe Teilnehmerinnen, liebe Teilnehmer,

ich möchte mich zu Beginn herzlich für Ihre Zeit bedanken und dafür, dass Sie sich bereit erklären, die von mir gestellten Fragen zu beantworten.

Die Befragung wird im Rahmen meiner Masterthese des Studienganges „Wirtschaftspsychologie, Leadership und Management" mit dem Schwerpunkt „Arbeits- und Organisationspsychologie und Human Resources Management" an der SRH FernHochschule Riedlingen durchgeführt.

Vor dem Hintergrund des demographischen Wandels und des resultierenden Fachkräftemangels wird es für Unternehmen zusehends schwieriger, qualifizierte Fachkräfte zu gewinnen und diese an das Unternehmen zu binden. In diesem Zusammenhang beschäftigt sich die Masterarbeit mit dem Thema

"Employer of Choice der Generation Y – Herausforderungen und Erfolgsfaktoren des Personalmanagements zur Steigerung der Arbeitgeberattraktivität vor dem Hintergrund des demographischen Wandels"

und untersucht, aufgrund welcher Faktoren sich Bewerber für einen potenziellen Arbeitgeber entscheiden bzw. welche Faktoren langjährige Mitarbeiter in einem Unternehmen halten.

Ziel ist es zum einen herauszufinden, ob sich Unterschiede im Präferenzverhalten und den arbeitsbezogenen Bedürfnissen zwischen den Generationen in Bezug auf den Wunscharbeitgeber ergeben und zum anderen, ob diese möglichen Unterschiede eine generationsspezifische Differenzierung der Personalarbeit hinsichtlich Mitarbeitergewinnung, -bindung und -entwicklung rechtfertigen.

Bei der Befragung werden Ihnen Fragen zu den folgenden Bereichen gestellt:

A: Fragen zur Person und zum Unternehmen
B: Fragen zu Wechselabsichten des Unternehmens und zur Informationsbeschaffung bezüglich potenzieller Arbeitgeber
C: Fragen zu Basisbedürfnissen bezogen auf die Arbeit
D: Fragen zu sozialen Bedürfnissen bezogen auf die Arbeit
E: Fragen zu Wachstumsbedürfnissen bezogen auf die Arbeit
F: Freie Anmerkungsmöglichkeiten zu Einflussfaktoren auf die Arbeitgeberattraktivität

Hinweise zum Ausfüllen des Fragebogens

Der Fragebogen enthält eine Reihe **standardisierter Fragen**, bei welchen Sie bitte die für Sie zutreffende Antwortmöglichkeit auswählen. Bitte achten Sie darauf, dass Sie jeweils **beide Teile einer Frage** (linke und rechte Seite) beantworten.

Bsp.:

Vorhandensein							**Wichtigkeit**					
Trifft vollkommen zu	Trifft eher zu	Trifft teilweise zu	Trifft eher nicht zu	Trifft nicht zu	Keine Angabe	Mit Hilfe der **linken** Skala sollen Sie beurteilen, inwiefern das jeweilige Kriterium in Ihrem **derzeitigen Unternehmen gegeben** ist bzw. inwieweit die Aussagen für Sie persönlich auf Ihr derzeitiges Unternehmen bezogen **zutreffen**.	Mit Hilfe der **rechten** Skala sollen Sie beurteilen, wie **wichtig** das jeweilige Kriterium grundsätzlich für Sie in Bezug auf einen **idealen** Arbeitgeber ist.	Sehr wichtig	Wichtig	Teilweise wichtig	Eher unwichtig	Vollkommen unwichtig	Keine Angabe
☐	☐	☐	☐	☐	☐	Zufriedenheit mit der Bezahlung		☐	☐	☐	☐	☐ ☐
☐	☐	☐	☐	☐	☐	Bezug von umfangreichen Sozialleistungen		☐	☐	☐	☐	☐ ☐

Des Weiteren gibt Ihnen eine **offene Antwortmöglichkeit** zum Ende der Befragung die Gelegenheit, Ihre eigene Meinung oder Beurteilung zu Arbeitgeberattraktivität festzuhalten.

Für den Erfolg der Befragung ist es außerdem wichtig, dass Sie *alle* **Aussagen des Fragebogens beurteilen.**

Sie werden ca. 15-20 Minuten für das Ausfüllen des Fragebogens benötigen. Es ist empfehlenswert, die entsprechenden Aussagen ohne langes Überlegen auszufüllen. Da es bei dieser Befragung keine „richtigen" oder „falschen" Antworten gibt, möchte ich Sie bitten, jede Aussage nach Ihrer *tatsächlichen* **Einschätzung** zu beurteilen.

Sollten Sie eine oder mehrere Fragen nicht beantworten können, so entscheiden Sie sich in diesem Fall bitte für die Antwortmöglichkeit „keine Angabe".

Anonymität/ Datenauswertung
Die Umfrage wird bis **Freitag, 24. Mai 2013** aktiv sein. Ich möchte an dieser Stelle noch einmal explizit darauf verweisen, dass die Datenerhebung anonym erfolgt und keinerlei Rückschlüsse auf Ihre Person möglich sind.

Kontakt
Sollten Sie weitere Fragen zu dem Hintergrund oder der Auswertung dieser Untersuchung haben, kontaktieren Sie mich bitte unter der folgenden Emailadresse: Julia.Ruthus@hs-riedlingen.de

Ich setze mich gerne mit Ihnen in Verbindung!
Herzlichen Dank für Ihre Unterstützung und Ihre Teilnahme an der Befragung!
Mit freundlichen Grüßen,

Julia Ruthus

A: Fragen zur Person und zum Unternehmen

Für eine weitere Differenzierung der Befragungsergebnisse hinsichtlich der gestellten Anforderungen an einen attraktiven Arbeitgeber und der Generationseinordnung, bitte ich Sie einige persönliche Angaben zu machen. Vielen Dank!

A.1: Bitte vervollständigen Sie die folgenden Angaben:

1. Geschlecht:
- ☐ Männlich
- ☐ Weiblich

2. Geburtsjahr und entsprechende Generationseinteilung:
- ☐ Nach 2000 („Generation Z")
- ☐ Zwischen 1980 – 2000 („Generation Y")
- ☐ Zwischen 1965 – 1979 („Generation X")
- ☐ Zwischen 1946 – 1964 („Generation Baby Boomers")
- ☐ Vor 1946 („Generation Veterans")

3. Familienstand:
- ☐ Ledig
- ☐ Verheiratet
- ☐ Verheiratet mit Kindern
- ☐ Geschieden
- ☐ Verwitwet

4. Höchster Bildungsabschluss:
- ☐ Promotion
- ☐ Hochschulabschluss
- ☐ Anerkannte Fortbildungsgänge (z.B. Meister, Fachwirt, Techniker)
- ☐ Anerkannte Ausbildungsberufe
- ☐ Keine Ausbildung

5. Position:
- ☐ Leitende Funktion mit Personalverantwortung
- ☐ Angestellter (Vollzeit)
- ☐ Angestellter (Teilzeit)
- ☐ Freier Mitarbeiter/ Freelancer
- ☐ Praktikant/ Student
- ☐ Auszubildender

6. Einschlägige Berufserfahrung:
(Die mich für die Ausübung meines derzeitigen Berufs qualifiziert)
- ☐ Noch keine Berufserfahrung
- ☐ Weniger als 1 Jahr Berufserfahrung
- ☐ Weniger als 2 Jahre Berufserfahrung
- ☐ Weniger als 5 Jahre Berufserfahrung
- ☐ Weniger als 10 Jahre Berufserfahrung
- ☐ Weniger als 15 Jahre Berufserfahrung
- ☐ Mehr als 15 Jahre Berufserfahrung

7. Ich arbeite in einem Wirtschaftsunternehmen mit...
- ☐ Weniger als 10 Mitarbeitern
- ☐ Weniger als 50 Mitarbeitern
- ☐ Weniger als 250 Mitarbeiter
- ☐ Weniger als 500 Mitarbeiter
- ☐ Mehr als 500 Mitarbeitern
- ☐ Diese Frage trifft auf mich nicht zu, da ich Freiberufler oder Staatsangestellter bin

A.2: Wie sind Sie auf Ihren derzeitigen Arbeitgeber aufmerksam geworden?

☐ Internet (z.B. Suchmaschine, Online Archive)
☐ Homepage/ Recruiting-Website des Unternehmens
☐ Empfehlung von Mitarbeitern, Dozenten, Bekannten etc.
☐ Redaktionelle Medienberichterstattung (z.B. Tages- und Fachzeitungen, Recruitingmedien)
☐ Direkte Erfahrung mit Unternehmen im Rahmen von Praktika, Workshops, Seminaren, Events etc.
☐ Stellenanzeigen (z.B. Tageszeitung, Online-Jobbörsen)
☐ Hochschulmarketing (z.B. Firmenkontaktmessen, On Campus Firmenpräsentation etc.)
☐ Werbung für Produkte/ Dienstleistungen des Unternehmens
☐ Recruiting-Imageanzeigen
☐ Jobmessen
☐ Arbeitgeberbewertungsportal
☐ Anders: _____

A.3: Wie zufrieden sind Sie mit Ihrem aktuellen Arbeitsplatz?

☐ Sehr zufrieden
☐ Zufrieden
☐ Weder zufrieden noch unzufrieden
☐ Unzufrieden
☐ Sehr unzufrieden

A.4: Wie lange sind Sie bereits für Ihr derzeitiges Unternehmen tätig?

☐ Weniger als 6 Monate
☐ Weniger als 1 Jahr
☐ Weniger als 2 Jahre
☐ Weniger als 5 Jahre
☐ Weniger als 10 Jahre
☐ Mehr als 10 Jahre

A.5: Wann rechnen Sie realistisch mit Ihrer nächsten Beförderung?

☐ Unmittelbar
☐ Innerhalb 1 Jahres
☐ In 1-3 Jahren
☐ In 3 Jahren oder später
☐ Innerhalb meines derzeitigen Unternehmens rechne ich mit keiner Beförderung

B: Fragen zu Wechselabsichten des Unternehmens und zur Informationsbeschaffung bezüglich potenzieller Arbeitgeber

B.1: Wann planen Sie Ihren nächsten Jobwechsel?

☐ Derzeit gar nicht
☐ Innerhalb der nächsten 6 Monate
☐ Innerhalb der nächsten 12 Monate
☐ Innerhalb der nächsten 2 Jahre
☐ Frühestens in zwei Jahren

B.2: Suchen Sie selbst aktiv nach neuen Stellenangeboten oder warten Sie, bis Sie kontaktiert werden? (Freunde, Unternehmen, Headhunter)

☐ Ich suche aktiv
☐ Ich warte auf Jobangebote
☐ Unterschiedlich

B.3: Wie informieren Sie sich über potenzielle Arbeitgeber?

	Regelmäßig	Gelegentlich	Selten	Nutze ich gar nicht	Keine Angabe
Internet (z.B. Suchmaschine, Online Archive)	☐	☐	☐	☐	☐
Homepage/ Recruiting-Website des Unternehmens	☐	☐	☐	☐	☐
Empfehlung (von Mitarbeitern, Freunden, Bekannten etc.)	☐	☐	☐	☐	☐
Redaktionelle Medienberichterstattung (z.B. Tages- und Fachzeitungen, Recruitingmedien)	☐	☐	☐	☐	☐
Direkte Erfahrung mit Unternehmen (im Rahmen von Praktika, Workshops, Seminaren, Events etc.)	☐	☐	☐	☐	☐
Stellenanzeigen (z.B. Tageszeitung, Online-Jobbörsen)	☐	☐	☐	☐	☐
Hochschulmarketing (z.B. Firmenkontaktmessen, On Campus Firmenpräsentation etc.)	☐	☐	☐	☐	☐
Werbung für Produkte/ Dienstleistungen des Unternehmens	☐	☐	☐	☐	☐
Recruiting-Imageanzeigen	☐	☐	☐	☐	☐
Jobmessen	☐	☐	☐	☐	☐
Arbeitgeberbewertungsportale	☐	☐	☐	☐	☐

C: Fragen zu Basisbedürfnissen bezogen auf die Arbeit

Im Folgenden sind eine Reihe von möglichen berufsbezogenen Grundbedürfnissen aufgeführt, die die Arbeitgeberattraktivität eventuell beeinflussen können. Bitte bewerten Sie, ob und in welchem Maße diese Kriterien bei Ihrem derzeitigen Arbeitgeber für Sie persönlich gegeben sind und welche Wichtigkeit diese Kriterien grundsätzlich für Sie persönlich bei der Bewertung der Arbeitgeberattraktivität haben.

Vorhandensein							Wichtigkeit					
Trifft vollkommen zu	Trifft eher zu	Trifft teilweise zu	Trifft eher nicht zu	Trifft nicht zu	Keine Angabe	Mit Hilfe der **linken** Skala sollen Sie beurteilen, inwiefern das jeweilige Kriterium für Sie persönlich in Ihrem **derzeitigen Unternehmen gegeben** ist bzw. inwieweit die Aussagen für Sie persönlich auf Ihr derzeitiges Unternehmen bezogen **zutreffen.** / Mit Hilfe der **rechten** Skala sollen Sie beurteilen, wie **wichtig** das jeweilige Kriterium grundsätzlich für Sie in Bezug auf einen **idealen** Arbeitgeber ist.	Sehr wichtig	Wichtig	Teilweise wichtig	Eher unwichtig	Vollkommen unwichtig	Keine Angabe
						C.1: Vergütung						
☐	☐	☐	☐	☐	☐	Zufriedenheit mit der Bezahlung	☐	☐	☐	☐	☐	☐
☐	☐	☐	☐	☐	☐	Bezug von umfangreichen Sozialleistungen (z.B. betriebliche Altersvorsorge, umfangreiche ärztliche Betreuung etc.)	☐	☐	☐	☐	☐	☐
☐	☐	☐	☐	☐	☐	Bereitstellung umfangreicher Zusatzleistungen (z.B. Firmenwagen, Vergünstigungen im Fitness-Studio etc.)	☐	☐	☐	☐	☐	☐
						C.2: Unternehmenssituation						
☐	☐	☐	☐	☐	☐	Prosperierende wirtschaftliche Situation des Arbeitgebers	☐	☐	☐	☐	☐	☐
☐	☐	☐	☐	☐	☐	Sicherheit des Arbeitsplatzes (keine Angst vor Jobverlust)	☐	☐	☐	☐	☐	☐
						C.3: Arbeitsbedingungen						
☐	☐	☐	☐	☐	☐	Physisch gesunde Arbeitsbedingungen (z.B. Schutz vor Lärm, Sicherstellung von Verletzungsfreiheit)	☐	☐	☐	☐	☐	☐
☐	☐	☐	☐	☐	☐	Sich keinen emotional belastenden Situationen stellen müssen	☐	☐	☐	☐	☐	☐
						C.4: Familienfreundlichkeit						
☐	☐	☐	☐	☐	☐	Angebot des Arbeitgebers zur Kinderbetreuung	☐	☐	☐	☐	☐	☐
☐	☐	☐	☐	☐	☐	Möglichkeit zur Inanspruchnahme von Elternzeit unter gleichzeitiger Arbeitsplatzgarantie	☐	☐	☐	☐	☐	☐
						C.5: Strukturelle Anforderungen						
☐	☐	☐	☐	☐	☐	Standorte des Arbeitgebers in mehreren Ländern	☐	☐	☐	☐	☐	☐
☐	☐	☐	☐	☐	☐	Attraktiver Standort des Arbeitgebers	☐	☐	☐	☐	☐	☐
☐	☐	☐	☐	☐	☐	Arbeitsort befindet sich in unmittelbarer Nähe zum Wohnort	☐	☐	☐	☐	☐	☐
☐	☐	☐	☐	☐	☐	Seltene Notwendigkeit berufsbedingter Umzüge	☐	☐	☐	☐	☐	☐
						C.6: Work-Life-Balance						
☐	☐	☐	☐	☐	☐	Seltene Notwendigkeit zur Ableistung von Überstunden und Wochenendarbeit	☐	☐	☐	☐	☐	☐
☐	☐	☐	☐	☐	☐	Seltene Notwendigkeit von Dienstreisen	☐	☐	☐	☐	☐	☐
☐	☐	☐	☐	☐	☐	Möglichkeit zur Inanspruchnahme flexibler Arbeitszeitmodelle (z.B. Gleitzeit, Teilzeit, Job Sharing)	☐	☐	☐	☐	☐	☐
☐	☐	☐	☐	☐	☐	Möglichkeit, sich Arbeit mit nach Hause zu nehmen sowie im Gegenzug die Möglichkeit zu haben, Privatangelegenheiten während der Arbeitszeit zu erledigen	☐	☐	☐	☐	☐	☐

D: Fragen zu sozialen Bedürfnissen bezogen auf die Arbeit

Vorhandensein							Wichtigkeit					
Trifft vollkommen zu	Trifft eher zu	Trifft teilweise zu	Trifft eher nicht zu	Trifft nicht zu	Keine Angabe	Mit Hilfe der **linken** Skala sollen Sie beurteilen, inwiefern das jeweilige Kriterium für Sie persönlich in Ihrem **derzeitigen Unternehmen gegeben** ist bzw. inwieweit die Aussagen für Sie persönlich auf Ihr derzeitiges Unternehmen bezogen **zutreffen**. / Mit Hilfe der **rechten** Skala sollen Sie beurteilen, wie **wichtig** das jeweilige Kriterium für Sie grundsätzlich in Bezug auf einen **idealen** Arbeitgeber ist.	Sehr wichtig	Wichtig	Teilweise wichtig	Eher unwichtig	Vollkommen unwichtig	Keine Angabe
						D.1: Vorgesetzter						
□	□	□	□	□	□	Interesse des Vorgesetzten an mir als Person	□	□	□	□	□	□
□	□	□	□	□	□	Motivation durch den Vorgesetzten	□	□	□	□	□	□
□	□	□	□	□	□	Klare Zielsetzung durch den Vorgesetzten, wie die Arbeit zu verrichten ist	□	□	□	□	□	□
□	□	□	□	□	□	Unterstützung durch den Vorgesetzten bei der Erledigung meiner Aufgaben	□	□	□	□	□	□
□	□	□	□	□	□	Direkte und unmittelbare Rückmeldung zu meiner Arbeitsleistung durch den Vorgesetzten	□	□	□	□	□	□
						D.2: Unternehmenskultur						
□	□	□	□	□	□	Möglichkeit, die eigene Meinung offen und ohne evtl. negative Konsequenzen kundzutun	□	□	□	□	□	□
□	□	□	□	□	□	Möglichkeit, eigene Ideen und Vorschläge einbringen zu können und somit zur Verbesserung des Unternehmens beizutragen	□	□	□	□	□	□
□	□	□	□	□	□	Angenehmes Betriebsklima im Unternehmen	□	□	□	□	□	□
						D.3: Soziale Beziehungen						
□	□	□	□	□	□	Mit Kollegen zusammenarbeiten, die ich mag	□	□	□	□	□	□
□	□	□	□	□	□	Vertrauen zu den direkten Kollegen	□	□	□	□	□	□
□	□	□	□	□	□	Förderung der Mitarbeitervernetzung untereinander (z.B. Firmenstammtisch, Intranet, Nutzung von Social Networks etc.)	□	□	□	□	□	□
						D.4: Unternehmensimage						
□	□	□	□	□	□	Ein hohes Ansehen des Arbeitgebers in der Öffentlichkeit	□	□	□	□	□	□
□	□	□	□	□	□	Gesellschaftliches Engagement des Arbeitgebers	□	□	□	□	□	□
□	□	□	□	□	□	Ökologisch verträgliches Handeln des Arbeitgebers sowie ein verantwortungsvoller Umgang mit Ressourcen	□	□	□	□	□	□
						D.5: Anerkennung						
□	□	□	□	□	□	Lob und Wertschätzung meiner Arbeit	□	□	□	□	□	□
□	□	□	□	□	□	Finanzielle Beteiligung am Unternehmenserfolg (z.B. durch Boni, Aktienbeteiligungen etc.)	□	□	□	□	□	□
						D.6: Arbeitsumfeld						
□	□	□	□	□	□	Eindeutige Verantwortlichkeiten in klaren Hierarchien	□	□	□	□	□	□
□	□	□	□	□	□	Transparente Regelwerke und Richtlinien zur Ausführung der Aufgaben	□	□	□	□	□	□
□	□	□	□	□	□	Moderne technologische Arbeitsplatzausstattung (z.B. Laptop, Smartphone etc.)	□	□	□	□	□	□
□	□	□	□	□	□	Fortschrittlicher Umgang mit digitalen Medien und Informationstechnologien in Unternehmen	□	□	□	□	□	□

E: Fragen zu Wachstumsbedürfnissen bezogen auf die Arbeit

Vorhandensein							Wichtigkeit					
Trifft vollkommen zu	Trifft eher zu	Trifft teilweise zu	Trifft eher nicht zu	Trifft nicht zu	Keine Angabe	Mit Hilfe der **linken** Skala sollen Sie beurteilen, inwiefern das jeweilige Kriterium für Sie persönlich in Ihrem **derzeitigen Unternehmen gegeben** ist bzw. inwieweit die Aussagen für Sie persönlich auf Ihr derzeitiges Unternehmen bezogen **zutreffen.**	Mit Hilfe der **rechten** Skala sollen Sie beurteilen, wie **wichtig** das jeweilige Kriterium grundsätzlich für Sie in Bezug auf einen **idealen** Arbeitgeber ist.	Sehr wichtig	Wichtig	Teilweise wichtig	Eher unwichtig	Vollkommen unwichtig	Keine Angabe

E.1: Arbeitsaufgabe

□	□	□	□	□	□	Möglichkeit zur Ausübung herausfordernder und interessanter Tätigkeiten	□	□	□	□	□	□
□	□	□	□	□	□	Möglichkeit, immer wieder neue Aufgaben übernehmen zu können	□	□	□	□	□	□
□	□	□	□	□	□	Möglichkeit, selbstständig planen und entscheiden zu können	□	□	□	□	□	□
□	□	□	□	□	□	Möglichkeit auf internationale Arbeitseinsätze	□	□	□	□	□	□

E.2: Entfaltungs- und Entwicklungsmöglichkeiten

□	□	□	□	□	□	Möglichkeit, sich kontinuierlich neues Wissen anzueignen und die eigenen Fachkenntnisse und beruflichen Kompetenzen zu verbessern (z.B. Teilnahme an Weiterbildungen)	□	□	□	□	□	□
□	□	□	□	□	□	Bezuschussung von Weiterbildungen/ Studienfinanzierungen	□	□	□	□	□	□
□	□	□	□	□	□	Möglichkeit, zur Inanspruchnahme eines Sabbaticals (Auszeit von der Arbeit)	□	□	□	□	□	□
□	□	□	□	□	□	Förderung von Master- oder Doktorandenprogrammen	□	□	□	□	□	□
□	□	□	□	□	□	Zugang zu verschiedenen Lernmöglichkeiten (z.B. Fachzeitschriften, Datenbanken etc.)	□	□	□	□	□	□

E.3: Karriere-, Laufbahn- und Nachfolgeplanung

□	□	□	□	□	□	Möglichkeit im Unternehmen schnell aufzusteigen	□	□	□	□	□	□
□	□	□	□	□	□	Erstellung und Verfolgung von Karriere- Laufbahn- und Nachfolgeplänen für alle Mitarbeiter	□	□	□	□	□	□
□	□	□	□	□	□	Möglichkeit zur Inanspruchnahme von Coaching & Mentoring Programmen	□	□	□	□	□	□
□	□	□	□	□	□	Möglichkeit zur Verfolgung von Fach- und Projektlaufbahnen im Unternehmen	□	□	□	□	□	□

E.4: Verantwortung

| □ | □ | □ | □ | □ | □ | Möglichkeit zur Übernahme von Führungsverantwortung | □ | □ | □ | □ | □ | □ |
| □ | □ | □ | □ | □ | □ | Möglichkeit zur Übernahme von Projektverantwortung | □ | □ | □ | □ | □ | □ |

E.5: Sinnstiftung

| □ | □ | □ | □ | □ | □ | Die berufliche Tätigkeit mit den eigenen Wertvorstellungen vereinbaren können | □ | □ | □ | □ | □ | □ |
| □ | □ | □ | □ | □ | □ | Persönliche Identifikation mit den Zielen des Arbeitgebers | □ | □ | □ | □ | □ | □ |

**F: Freie Anmerkungsmöglichkeiten zu Einflussfaktoren auf die
Arbeitgeberattraktivität**

Für eventuelle Einflussfaktoren auf die Arbeitgeberattraktivität, die bisher unberücksichtigt blieben sowie für weitere Anmerkungen und Kommentare steht Ihnen das
folgende Textfeld zur Verfügung:

_____

_____

_____

_____

Danke!

Herzlichen Dank für Ihre Antworten! Sie haben wesentlich dazu beigetragen, herauszufinden welche Faktoren die Arbeitgeberattraktivität beeinflussen und interessante
Forschungsdaten zu erheben. Die ausgewerteten Daten dienen als Grundlage zur
Entwicklung von Handlungsempfehlungen für ein generationsgerechtes Personalmanagement.

Verfasserin
Julia Ruthus

Anhang C: Zusammenfassende Darstellung der Skalenwerte

Die nachfolgende Tabelle zeigt die Mittelwerte der Skalen für unterschiedliche Stichproben (SP), u.a. der Gesamtstichprobe, der Teilstichprobe der Generation Y (Gen Y) und der Teilstichprobe der Vorgängergenerationen (VG) vor der Faktorenanalyse. Außerdem wurde die Differenz der Skalenmittelwerte zwischen Generation Y und Vorgängergenerationen als Wert integriert. Bei der Betrachtung der Vorgängergenerationen wurden nur Generation X und Generation Baby Boomer in der Vergleichsgruppe berücksichtigt. Generation Veterans wurde aufgrund des geringen Stichprobenumfangs aus den Berechnungen ausgeschlossen.

Skala	Reliabilität Cronbach's α	Gesamt-SP (N=435)	Skalen-Mittelwerte Teil-SP VG (n=186)	Gen Y-SP (n=249)	Differenz Teil-SP VG und Gen Y	p Sig. (2-seitig)
Wichtigkeit von Basisbedürfnisse bezogen auf die Arbeit						
Vergütung	,547	2,3778	2,4113	2,3527	,05855	,350
Unternehmenssituation	,377	1,6644	1,6398	1,6827	-,04295	,452
Arbeitsbedingungen	,520	2,0624	1,9704	2,1316	-,16115	,025*
Familienfreundlichkeit	,834	2,7526	2,9360	2,6206	,31536	,017*
Strukturelle Anforderungen	,299	2,3642	2,3858	2,3481	,03769	,528
Work-Life-Balance	,550	2,7223	2,6788	2,7547	-,07588	,288
Wichtigkeit von soziale Bedürfnisse bezogen auf die Arbeit						
Vorgesetzter	,766	2,0399	2,0738	2,0146	,05921	,365
Unternehmenskultur	,726	1,5330	1,4991	1,5582	-,05913	,234
Soziale Beziehungen	,612	1,8591	1,8541	1,8628	-,00873	,887
Unternehmensimage	,757	2,4566	2,3770	2,5155	-,13847	,084
Anerkennung	,362	1,8986	1,9108	1,8896	,02125	,761
Arbeitsumfeld	,658	2,0785	1,9691	2,1603	-,19122	,001*
Wichtigkeit von Wachstumsbedürfnisse bezogen auf die Arbeit						
Arbeitsaufgabe	,675	2,0102	2,1071	1,9378	,16933	,007*
Entwicklungsmöglichkeiten	,754	2,3483	2,4342	2,2839	,15036	,043*
Karriereplanung	,816	2,4314	2,6268	2,2858	,34105	,000*
Verantwortung	,692	2,0463	2,0299	2,0585	-,02858	,703
Sinnstiftung	,789	1,7806	1,7081	1,8347	-,12657	,096

*p≤,05

Tabelle 16: Zusammenfassende Darstellung der Skalenwerte[231]

---

[231] Quelle: Eigene Darstellung anhand der erhobenen Forschungsdaten

Anhang D: Mittelwerte der Einzelitems zu berufsbezogenen Bedürfnissen

Die nachfolgende Abbildung zeigt die Mittelwerte der Einzelitems zu berufsbezogenen Bedürfnissen gemäß Fragebogen:

Skalen und Einzelitems	Wichtigkeit		Vorhandensein		Differenz	p
	MW Wichtigkeit	Standard-abweich-ung	MW Vorhanden-sein	Standard-abweich-ung	MW Wichtigkeit-MW Vorhanden-sein	Sig. (2-seitig)
Basisbedürfnisse bezogen auf die Arbeit						
Vergütung						
Zufriedenheit mit der Bezahlung	1,86	,703	2,64	1,072	-0,78	,000***
Sozialleistungen	2,25	,901	2,77	1,264	-0,52	,000***
Zusatzleistungen	3,00	,990	3,58	1,297	-0,58	,000***
Unternehmenssituation						
Arbeitsplatzsicherheit	1,88	,757	2,13	,934	-0,25	,000***
Wirtschaftliche Situation	1,47	,722	1,87	,903	-0,40	,000***
Arbeitsbedingungen						
Physische Arbeitsbedingungen	1,78	,739	1,97	,977	-0,19	,001***
Belastende Situationen	2,35	1,034	3,00	1,262	-0,65	,000***
Familienfreundlichkeit						
Kinderbetreuung	3,04	1,325	4,11	1,248	-1,07	,000***
Elternzeit	2,44	1,427	2,32	1,317	0,12	,205
Strukturelle Anforderungen						
Standorte des AGs in mehreren Ländern	2,94	1,327	2,52	1,835	0,42	,000***
Attraktiver Standort des AGs	2,19	,965	1,96	1,118	0,23	,000***
Nähe zum Wohnort	2,16	,884	2,25	1,352	-0,09	,187
Berufsbedingte Umzüge	2,18	1,064	2,04	1,396	0,14	0,10
Work-Life-Balance						
Überstunden und Wochenendarbeit	2,73	,989	3,37	1,327	-0,64	,000***
Dienstreisen	3,37	1,079	2,65	1,365	0,72	,000***
Flexible Arbeitszeitmodelle	2,21	1,146	2,83	1,501	-0,62	,000***
Verschmelzung Arbeit & Privat	2,61	1,210	3,21	1,491	-0,60	,000***

*p≤,05; **p≤,01; ***p≤0,001

Tabelle 17: Mittelwerte Einzelitems zu berufsbezogenen Basisbedürfnissen[232]

Skalen und Einzelitems	Wichtigkeit		Vorhandensein		Differenz	p
	MW Wichtigkeit	Standard-abweich-ung	MW Vorhanden-sein	Standard-abweich-ung	MW Wichtigkeit-MW Vorhanden-sein	Sig. (2-seitig)
Soziale Bedürfnisse bezogen auf die Arbeit						
Vorgesetzter						
Interesse an mir als Person	2,00	,906	2,43	1,141	-0,43	,000***
Motivation durch VG	1,78	,822	2,70	1,189	-0,92	,000***
Klare Zielsetzung	2,16	1,034	2,74	1,130	-0,58	,000***
Unterstützung durch VG	2,30	1,009	2,72	1,157	-0,42	,000***
Direkte Rückmeldung	1,94	,859	2,82	1,134	-0,88	,000***
Unternehmenskultur						
Eigene Meinung äußern	1,67	,662	2,30	1,076	-0,63	,000***
Ideen einbringen	1,61	,701	2,17	1,035	-0,56	,000***
Angenehmes Betriebsklima	1,31	,538	2,05	,993	-0,74	,000***

---

[232] Quelle: Eigene Darstellung anhand der erhobenen Forschungsdaten

Soziale Beziehungen						
Kollegen, die ich mag	1,58	,723	1,83	,840	-0,25	,000***
Vertrauen zu Kollegen	1,45	,630	1,94	,873	-0,49	,000***
Mitarbeitervernetzung	2,55	1,086	2,67	1,222	-0,12	,026*
Unternehmensimage						
Ansehen des AG	2,36	,982	2,11	,997	0,25	,000***
Gesellschaftliches Engagement AG	2,68	1,053	2,50	1,117	0,18	,006**
Ökologisch verträgliches Handeln AG	2,31	,920	2,49	1,008	-0,18	,002**
Anerkennung						
Lob und Wertschätzung	1,56	,728	2,42	1,063	-0,86	,000***
Finanzielle Beteiligung am UN-Erfolg	2,26	1,082	3,31	1,522	-1,05	,000***
Arbeitsumfeld						
Eindeutige Verantwortlichkeiten	2,01	,845	2,36	,985	-0,35	,000***
Regelwerke und Richtlinien	2,14	,827	2,50	1,033	-0,36	,000***
Technologische Arbeitsplatzausstattung	2,04	,846	2,55	1,130	-0,51	,000***
Fortschrittlicher Umgang mit digitalen Medien	2,12	,836	2,40	1,005	-0,28	,000***

*p≤,05; **p≤,01; ***p≤0,001

Tabelle 18: Mittelwerte Einzelitems zu berufsbezogenen sozialen Bedürfnissen[233]

Skalen und Einzelitems	Wichtigkeit		Vorhandensein		Differenz	p
	MW Wichtigkeit	Standard-abweich-ung	MW Vorhanden-sein	Standard-abweich-ung	MW Wichtigkeit- MW Vorhanden-sein	Sig (2-seitig)
Wachstumsbedürfnisse bezogen auf die Arbeit						
Arbeitsaufgabe						
Interessante Tätigkeiten	1,66	,689	2,17	,979	-0,51	,000***
Neue Aufgaben übernehmen	1,81	,787	2,33	1,093	-0,52	,000***
Selbstständig planen und entscheiden	1,66	,746	2,25	1,062	-0,59	,000***
Internationale Arbeitseinsätze	2,95	1,294	3,33	1,535	-0,38	,000***
Entwicklungsmöglichkeiten						
Wissen aneignen können	1,67	,748	2,32	1,116	-0,65	,000***
Bezuschussung von Weiterbildungen	2,17	,988	3,06	1,355	-0,89	,000***
Sabbaticals	2,90	1,221	3,67	1,387	-0,77	,000***
Master- und Doktorandenprogramme	2,83	1,306	3,55	1,409	-0,72	,000***
Verschiedene Lernmöglichkeiten	2,32	1,032	2,74	1,376	-0,42	,000***
Karriereplanung						
Schnell Aufsteigen im Unternehmen	2,32	,859	3,13	1,219	-0,81	,000***
Karriere-, Laufbahn- und Nachfolgepläne	2,39	1,066	3,30	,***	-0,91	,000***
Coaching- & Mentoring-Programme	2,38	1,000	3,16	1,340	-0,78	,000***
Fach- und Projektlaufbahnen	2,57	1,003	3,17	1,294	-0,60	,000***
Verantwortung						
Führungsverantwortung	2,06	,916	2,55	1,276	-0,49	,000***
Projektverantwortung	2,03	,845	2,31	1,180	-0,28	,000***
Sinnstiftung						
Zielidentifikation	1,70	,800	2,28	,984	-0,58	,000***
Vereinbarkeit Tätigkeit & Wertvorstellungen	1,84	,869	2,35	1,034	-0,51	,000***

*p<,05; **p<,01; ***p<0,001

Tabelle 19: Mittelwerte Einzelitems zu berufsbezogenen Wachstumsbedürfnissen[234]

---

[233] Quelle: Eigene Darstellung anhand der erhobenen Forschungsdaten
[234] Quelle: Eigene Darstellung anhand der erhobenen Forschungsdaten

Anhang E: Faktorenmittelwerte der Bedürfnisklassen nach Generationen

Faktor	Mittelwert	Standardabweichung	Standardfehler des Mittelwerts
Wichtigkeit von Basisbedürfnisse bezogen auf die Arbeit			
Arbeitsbedingungen			
Stichprobe Gesamt (N=435)	0,000000	1,00000000	,04794633
Stichprobe Generation Y (n=249)	,1459453	1,01824328	,06452855
Stichprobe Generation X (n=130)	-,1500297	,89819024	,07877649
Stichprobe Generation BB (n=56)	-,3006521	1,04016430	,13899780
Leistungen des AGs			
Stichprobe Gesamt (N=435)	0,000000	1,00000000	,04794633
Stichprobe Generation Y (n=249)	-,0374576	,97090445	,06152857
Stichprobe Generation X (n=130)	,1088769	1,05776802	,09277239
Stichprobe Generation BB (n=56)	-,0861973	,98700943	,13189468
Familienfreundlichkeit			
Stichprobe Gesamt (N=435)	0,000000	1,00000000	,04794633
Stichprobe Generation Y (n=249)	-,0826249	,99520136	,06306832
Stichprobe Generation X (n=130)	-,0264830	,93811927	,08227850
Stichprobe Generation BB (n=56)	,4288640	1,06817469	,14274085
Standort			
Stichprobe Gesamt (N=435)	0,000000	1,00000000	,04794633
Stichprobe Generation Y (n=249)	-,1046787	,96578009	,06120383
Stichprobe Generation X (n=130)	,1002141	,97848455	,08581877
Stichprobe Generation BB (n=56)	,2328065	1,14498733	,15300537
Flexibilität			
Stichprobe Gesamt (N=435)	0,000000	1,00000000	,04794633
Stichprobe Generation Y (n=249)	-,0097185	,97064233	,06151196
Stichprobe Generation X (n=130)	,0064674	1,02308290	,08973031
Stichprobe Generation BB (n=56)	,0281989	1,08920363	,14555096
Wichtigkeit von soziale Bedürfnisse bezogen auf die Arbeit			
Vorgesetzter			
Stichprobe Gesamt (N=435)	0,000000	1,00000000	,04794633
Stichprobe Generation Y (n=249)	-,0828032	,93459354	,05922746
Stichprobe Generation X (n=130)	,0678713	,99853545	,08757735
Stichprobe Generation BB (n=56)	,2106203	1,23559290	,16511305
Unternehmenskultur			
Stichprobe Gesamt (N=435)	0,000000	1,00000000	,04794633
Stichprobe Generation Y (n=249)	,0307069	1,01853829	,06454724
Stichprobe Generation X (n=130)	,0308532	,97855314	,08582479
Stichprobe Generation BB (n=56)	-,2081595	,95735139	,12793146
Unternehmensimage			
Stichprobe Gesamt (N=435)	0,000000	1,00000000	,04794633
Stichprobe Generation Y (n=249)	,0796404	,98000578	,06210534
Stichprobe Generation X (n=130)	-,0931753	1,06248996	,09318653
Stichprobe Generation BB (n=56)	-,1378156	,91869771	,12276615
Informationstechnologien			
Stichprobe Gesamt (N=435)	0,000000	1,00000000	,04794633
Stichprobe Generation Y (n=249)	,1248542	,98174062	,06221528
Stichprobe Generation X (n=130)	-,1455922	,93240979	,08177775
Stichprobe Generation BB (n=56)	-,2171732	1,15636221	,15452540
Arbeitsorganisation			
Stichprobe Gesamt (N=435)	0,000000	1,00000000	,04794633
Stichprobe Generation Y (n=249)	,0612286	1,01342729	,06422334
Stichprobe Generation X (n=130)	-,0545789	,91208628	,07999526
Stichprobe Generation BB (n=56)	-,1455475	1,12389769	,15018715

Wichtigkeit von Wachstumsbedürfnisse bezogen auf die Arbeit			
Karriereaussichten			
Stichprobe Gesamt (N=435)	0,000000	1,00000000	,04794633
Stichprobe Generation Y (n=249)	-,1512149	,96087769	,06089315
Stichprobe Generation X (n=130)	,1762655	,95386188	,08365922
Stichprobe Generation BB (n=56)	,2631786	1,16027214	,15504789
Arbeitsaufgabe			
Stichprobe Gesamt (N=435)	0,000000	1,00000000	,04794633
Stichprobe Generation Y (n=249)	,0129531	,99532118	,06307592
Stichprobe Generation x (n=130)	-,0950216	,92309191	,08096052
Stichprobe Generation BB (n=56)	,1629906	1,17311768	,15676444
Entwicklungsmöglichkeiten			
Stichprobe Gesamt (N=435)	0,000000	1,00000000	,04794633
Stichprobe Generation Y (n=249)	-,0835698	,96499748	,06115423
Stichprobe Generation X (n=130)	,1436679	1,01932554	,08940076
Stichprobe Generation BB (n=56)	,0380722	1,08309162	,14473421
Sinnstiftung			
Stichprobe Gesamt (N=435)	0,000000	1,00000000	,04794633
Stichprobe Generation Y (n=249)	,0996448	,91599076	,05804856
Stichprobe Generation X (n=130)	-,0759626	1,10678926	,09707184
Stichprobe Generation BB (n=56)	-,2667220	1,05044762	,14037197

Tabelle 20: Faktorenmittelwerte der Bedürfnisklassen nach Generationen[235]

---

[235] Quelle: Eigene Darstellung anhand der erhobenen Forschungsdaten

Anhang F: Retransformierte Skalenwerte der extrahierten Faktoren

Skalen gemäß extrahierten Faktoren der Faktorenanalyse	Wichtigkeit (W)			Vorhandensein (V)			Differenz
	MW	Standardabweichung	Standardfehler	MW	Standardabweichung	Standardfehler	MW (W)-MW (V)
Basisbedürfnisse bezogen auf die Arbeit							
F1 Arbeitsbedingungen/ Leistungsbereitschaft							
Stichprobe Gesamt (N=434/ 434)	2,44	,579	,028	2,56	,656	,032	-0,12
Stichprobe Generation Y (n=248/248)	2,51	,589	,037	2,51	,658	,042	0,00
Stichprobe Generation X (n=130/130)	2,36	,533	,047	2,63	,587	,052	-0,27
Stichprobe Generation BB (n=56/56)	2,33	,607	,081	2,65	,782	,104	-0,32
F2 Leistungen des Arbeitgebers							
Stichprobe Gesamt (N=433/ 434)	2,12	,496	,024	2,62	,691	,033	-0,50
Stichprobe Generation Y (n=247/ 248)	2,11	,476	,030	2,63	,676	,043	-0,52
Stichprobe Generation X (n=130/130)	2,14	,516	,045	2,63	,679	,060	-0,49
Stichprobe Generation BB (n=56/ 56)	2,11	,542	,072	2,52	,778	,104	-0,41
F3 Familienfreundlichkeit							
Stichprobe Gesamt (N=389/ 383)	2,78	1,277	,065	3,30	1,158	,059	-0,52
Stichprobe Generation Y (n=225/ 214)	2,65	1,251	,083	3,25	1,137	,077	-0,60
Stichprobe Generation X (n=115/ 119)	2,72	1,234	,115	3,26	1,157	,106	-0,54
Stichprobe Generation BB (n=49/ 50)	3,49	1,297	,185	3,60	1,221	,173	-0,11
F4 Standort							
Stichprobe Gesamt (N=430/ 428)	2,59	,952	,046	2,27	1,277	,062	0,32
Stichprobe Generation Y (n=246/ 245)	2,45	,918	,059	2,14	1,244	,079	0,31
Stichprobe Generation X (n=129/ 128)	2,71	,956	,084	2,32	1,282	,113	0,39
Stichprobe Generation BB (n=55/ 55)	2,94	,982	,132	2,80	1,290	,173	0,14
F5 Flexibilität							
Stichprobe Gesamt (N=427/ 427)	2,44	,948	,046	3,03	1,200	,058	-0,59
Stichprobe Generation Y (n=244/ 243)	2,48	,946	,061	3,13	1,150	,074	-0,65
Stichprobe Generation X (n=129/129)	2,42	,952	,083	3,05	1,211	,107	-0,63
Stichprobe Generation BB (n=54/ 55)	2,33	,956	,130	2,58	1,294	,175	-0,25
Soziale Bedürfnisse bezogen auf die Arbeit							
F6 Vorgesetzter							
Stichprobe Gesamt (N=432/ 429)	2,05	,668	,032	2,69	,931	,045	-0,64
Stichprobe Generation Y (n=247/ 245)	2,03	,634	,040	2,65	,889	,057	-0,62
Stichprobe Generation X (n=129/ 128)	2,06	,659	,058	2,79	,985	,087	-0,73
Stichprobe Generation BB (n=56/ 56)	2,14	,823	,110	2,64	,991	,132	-0,50
F7 Unternehmenskultur							
Stichprobe Gesamt (N=432/ 431)	1,52	,466	0,22	2,04	,722	,035	-0,52
Stichprobe Generation Y (n=248/ 247)	1,54	,471	,030	2,02	,675	,043	-0,48
Stichprobe Generation X (n=129/ 129)	1,52	,461	,041	2,07	,793	,070	-0,55
Stichprobe Generation BB (n=55/ 55)	1,44	,457	,062	2,07	,764	,103	-0,63
F8 Unternehmensimage							
Stichprobe Gesamt (N=427/ 419)	2,48	,796	,039	2,39	,858	,042	0,09
Stichprobe Generation Y (n=245/ 241)	2,54	,793	,051	2,35	,836	,054	0,19
Stichprobe Generation X (n=128/ 125)	2,42	,831	,074	2,44	,882	,079	-0,02
Stichprobe Generation BB (n=54/ 53)	2,34	,704	,096	2,45	,906	,124	-0,11
F9 Informationstechnologien							
Stichprobe Gesamt (N=431/ 431)	2,10	,755	,037	2,50	,961	,046	-0,40
Stichprobe Generation Y (n=248/ 248)	2,19	,746	,048	2,59	,908	,058	-0,40
Stichprobe Generation X (n=130/ 130)	2,00	,715	,063	2,47	,994	,087	-0,47
Stichprobe Generation BB (n=53/ 53)	1,93	,844	,116	2,16	1,055	,145	-0,23
F10 Arbeitsorganisation							
Stichprobe Gesamt (N=432/ 429)	2,09	,703	,034	2,44	,887	,043	-0,35
Stichprobe Generation Y (n=247/ 247)	2,15	,701	,045	2,47	,838	,053	-0,32
Stichprobe Generation X (n=130/ 129)	2,02	,647	,057	2,49	,981	,086	-0,47
Stichprobe Generation BB (n=55/ 53)	1,96	,816	,110	2,23	,858	,117	-0,27

	Wachstumsbedürfnisse bezogen auf die Arbeit						
F11	Karriereaussichten						
	Stichprobe Gesamt (N=432/ 433)	2,39	,749	,036	2,93	,881	,042	-0,54
	Stichprobe Generation Y (n=247/ 248)	2,28	,693	,044	2,92	,872	,055	-0,64
	Stichprobe Generation X (n=130/ 130)	2,48	,771	,068	2,92	,877	,077	-0,44
	Stichprobe Generation BB (n=55/ 55)	2,66	,843	,113	3,00	,946	,128	-0,34
F12	Arbeitsaufgabe						
	Stichprobe Gesamt (N=433/ 432)	1,72	,613	,029	2,26	,899	,043	-0,54
	Stichprobe Generation Y (n=247/ 247)	1,72	,607	,039	2,36	,882	,056	-0,64
	Stichprobe Generation X (n=130/ 130)	1,67	,582	,051	2,13	,961	,084	-0,46
	Stichprobe Generation BB (n=56/ 55)	1,84	,697	,093	2,14	,777	,105	-0,30
F13	Entwicklungsmöglichkeiten						
	Stichprobe Gesamt (N=429/ 424)	2,58	,847	,041	3,18	1,065	,052	-0,60
	Stichprobe Generation Y (n=245/ 242)	2,50	,810	,052	3,29	1,041	,067	-0,79
	Stichprobe Generation X (n=129/ 128)	2,71	,860	,076	3,07	1,071	,095	-0,36
	Stichprobe Generation BB (n=55/ 54)	2,64	,942	,127	2,98	1,114	,152	-0,34
F14	Sinnstiftung						
	Stichprobe Gesamt (N=429/ 424)	1,81	,771	,037	2,34	,918	,045	-0,53
	Stichprobe Generation Y (n=247/ 244)	1,86	,738	,047	2,40	,909	,058	-0,54
	Stichprobe Generation X (n=53/ 128)	1,76	,827	,073	2,30	,925	,082	-0,54
	Stichprobe Generation BB (n=53/ 52)	1,68	,779	,107	2,13	,928	,129	-0,45

p≤,05; **p≤,01; ***p≤0,001

Tabelle 21: Retransformierte Skalenwerte der extrahierten Faktoren[236]

---

[236] Quelle: Eigene Darstellung anhand der erhobenen Forschungsdaten

Anhang G: Informationsbeschaffungskanäle nach Generationen

Die nachfolgende Abbildung zeigt die Mittelwerte der Informationsbeschaffungskanäle bzgl. eines potenziellen Arbeitgebers nach Generationen:

Informationskanäle Items der Frage: „Wie informieren Sie sich über potenzielle Arbeitgeber?"	MW	n	Standard-abweichung	Standardfehler des Mittelwerts
Internet (z.B. Suchmaschine, Online Archive)				
Stichprobe Gesamt	1,97	397	,883	,044
Stichprobe Generation Y	1,81	243	,778	,050
Stichprobe Generation X	1,99	117	,876	,081
Stichprobe Generation BB	2,89	37	,994	,163
Homepage/ Recruiting-Website des Unternehmens				
Stichprobe Gesamt	2,30	383	,942	,048
Stichprobe Generation Y	2,19	240	,916	,059
Stichprobe Generation X	2,35	108	,940	,090
Stichprobe Generation BB	2,94	35	,873	,147
Empfehlung (von Mitarbeitern, Freunden, Bekannten etc.)				
Stichprobe Gesamt	2,29	388	,825	,042
Stichprobe Generation Y	2,25	237	,794	,052
Stichprobe Generation X	2,31	113	,856	,081
Stichprobe Generation BB	2,45	38	,921	,149
Redaktionelle Medienberichterstattung (z.B. Tageszeitungen)				
Stichprobe Gesamt	2,96	375	,909	,047
Stichprobe Generation Y	3,06	230	,872	,058
Stichprobe Generation X	2,75	110	,890	,085
Stichprobe Generation BB	2,94	35	1,110	,188
Direkte Erfahrung mit Unternehmen (Praktika, Workshops, Seminaren, Events etc.)				
Stichprobe Gesamt	2,99	371	,940	,049
Stichprobe Generation Y	2,94	230	,930	,061
Stichprobe Generation X	3,06	108	,930	,089
Stichprobe Generation BB	3,09	33	1,042	,181
Stellenanzeigen (z.B. Tageszeitung, Online-Jobbörsen)				
Stichprobe Gesamt	2,24	389	1,031	,052
Stichprobe Generation Y	2,22	239	1,052	,068
Stichprobe Generation X	2,19	112	,973	,092
Stichprobe Generation BB	2,47	38	1,059	,172
Hochschulmarketing (z.B. Firmenkontaktmessen, On Campus Firmenpräsentation etc.)				
Stichprobe Gesamt	3,28	388	1,150	,058
Stichprobe Generation Y	3,32	234	,978	,064
Stichprobe Generation X	3,35	110	1,222	,117
Stichprobe Generation BB	2,86	44	1,651	,249
Werbung für Produkte/ Dienstleistungen des Unternehmens				
Stichprobe Gesamt	3,36	357	,829	,044
Stichprobe Generation Y	3,33	228	,786	,052
Stichprobe Generation X	3,44	95	,847	,087
Stichprobe Generation BB	3,35	34	1,041	,179
Recruiting-Imageanzeigen				
Stichprobe Gesamt	3,40	352	,810	,043
Stichprobe Generation Y	3,38	222	,797	,054
Stichprobe Generation X	3,37	97	,858	,087
Stichprobe Generation BB	3,58	33	,751	,131
Jobmessen				
Stichprobe Gesamt	3,61	362	,645	,034
Stichprobe Generation Y	3,51	229	,666	,044
Stichprobe Generation X	3,78	100	,579	,058
Stichprobe Generation BB	3,79	33	,545	,095

Arbeitgeberbewertungsportale				
Stichprobe Gesamt	3,40	368	,819	,043
Stichprobe Generation Y	3,37	232	,822	,054
Stichprobe Generation X	3,45	102	,840	,083
Stichprobe Generation BB	3,41	34	,743	,127

Tabelle 22: Informationsbeschaffungskanäle bzgl. eines potenziellen Arbeitgebers nach Generationen[237]

Quellenverzeichnis

Alsop, R. (2008): The Trophy Kids grow. How the millennial generation is shaking up the workplace; San Francisco.

Arbeitgeberimage Energie 2012.
URL: http://www.energyrelations.de/arbeitgeberimage-energie/img/Arbeitgeberimage_Energie_2012_online.pdf (29. März 2013).

Arnold, H. (2012): Personal gewinnen mit Social Media. Die besten Strategien und Instrumente für Ihr Bewerbermarketing im Web 2.0, Planegg/ München.

Bechmann, S./ Dahms, V./ Tschersich, N./ Frei, M./ Leber, U./ Schwengler, B. (2012): Fachkräfte und unbesetzte Stellen in einer alternden Gesellschaft, in: Institut für Arbeitsmarkt- und Berufsforschung (Hrsg.): IAB-Forschungsbericht 13/2012, o.O.

Beck, C/ Hülser, R./ Wiersbinski, W./ Adam, M. (2010): Detektive bei der Sucharbeit, in: Personalwirtschaft Sonderheft Nr. 12/2010, o.O.

Bester Arbeitgeber Deutschland URL:
http://de.statista.com/download/Bester_Arbeitgeber_Leseprobe.pdf (24. März 2013).

Biemann, T./ Weckmüller, H. (2013): Generation Y: Viel Lärm um fast nichts, in: Personal quaterly Nr. 01/13, o.O.

Böcker, M. (2004): High Potentials. Lob der Mittelmäßigkeit, in: Manager Magazin Online URL: http://www.manager-magazin.de/unternehmen/karriere/0,2828,311553,00.html (14. April 2013).

Bollwitt, B. (2010): Herausforderung demographischer Wandel, Hamburg.

Bonin, H./ Schneider, M./ Quinke, H./ Arens, T. (2007): Zukunft von Bildung und Arbeit: Perspektiven von Arbeitskräftebedarf und –angebot bis 2020. IZA Research Report No. 9. URL:

http://www.iza.org/en/webcontent/publications/reports/report_pdfs/iza_report_09.pdf
(3. April 2013).

Bortz, J./ Döring, N. (2006): Forschungsmethoden und Evaluation. Für Human und Sozialwissenschaftler, Heidelberg.

Bosch in Deutschland URL:
http://www.bosch.de/de/de/newsroom_1/topics_1/responsibility_creates_trust_1/res
ponsibility-creates-trust.html (31. März 2013).

Bröckermann, R./ Pepels, W. (2004): Personalbindung. Wettbewerbsvorteile durch strategisches Personalmanagement, Berlin.

Buchhorn, E./ Werle, K. (2011): Generation Y: Gewinner des Arbeitsmarktes, in: Spiegel online. URL: http://www.spiegel.de/karriere/berufsstart/generation-y-die-gewinner-des-arbeitsmarkts-a-766883.html, (13. April 2013).

Buhlmann, T. (2012): Attraktivitätsindex Bundeswehr. Ein Instrument zur zielgruppenspezifischen Messung der Attraktivität des Arbeitgebers Bundeswehr, S. 7, o.O.

Bullinger, H./ Buck, H. (2007): Demografie betrifft alle. Handlungsoptionen für älter werdende Unternehmen, in: Happe, G. (Hrsg.): Demografischer Wandel in der unternehmerischen Praxis. Mit Best-Practice-Berichten, Wiesbaden.

Bund, K./ Heuser, U. J./ Kuntze, A. (2013): Wollen die auch arbeiten?, in: Zeit Online. URL: http://www.zeit.de/2013/11/Generation-Y-Arbeitswelt (27. April 2013).

Bünnagel, W. (2010): Personalentwicklung als Marke, in: Personalmagazin Nr. 08/10, S. 31, o.O.

Cleff, T. (2008): Deskriptive Statistik und moderne Datenanalyse, Wiesbaden

Curaviva Schweiz URL:
http://upload.sitesystem.ch/B2DBB48B7E/4BFEA0B204/A52460A96A.pdf (29. März 2013).

Deutsche Gesellschaft für Personalführung e.V. (Hrsg.) (2011): Zwischen Anspruch und Wirklichkeit: Generation Y finden, fördern und binden, Düsseldorf.

Dostert, E. (2010a): Die Verlierer sind selbst schuld, in: Süddeutsche.de. URL: http://www.sueddeutsche.de/karriere/studie-zur-jugendkultur-generation-biedermeier-1.998533-2 (13. April 2013).

Dostert, E. (2010b): Generation Biedermeier, in: Süddeutsche.de. URL: http://www.sueddeutsche.de/karriere/studie-zur-jugendkultur-generation-biedermeier-1.998533 (12. April 2013).

Drumm, H. J. (2008): Personalwirtschaft, Heidelberg.

Duden Online URL: http://www.duden.de/rechtschreibung/Generation (9. April 2013).

Eckstein, P. (2006): Angewandte Statistik mit SPSS. Praktische Einführung für Wirtschaftswissenschaftler, Wiesbaden.

Enderle, K. (2008): Frech, frei, fordernd, in: Personalmagazin Nr. 12/08, o.O.

Enzyklo Enzyklopädie Online URL: http://www.enzyklo.de/Begriff/Pillenknick (11. April 2013)

Espinoza, C./ Ukleja, M./ Rush, C. (2010): Managing the Millenials. Discover the core competencies for Managing Today's Workforce, Hoboken, New Jersey.

Fischbach, R./ Wollenberg, K. (2007): Volkswirtschaftsleher 1, München.

Fischer, G./ Dahms, V./ Bechmann, S./ Bilger, F./ Frei, M./ Wahse, J./ Möller, I. (2008): Langfristig handeln, Mangel vermeiden: Betriebliche Strategien zur Deckung des Fachkräftebedarfs, in: Institut für Arbeitsmarkt- und Berufsforschung (Hrsg.) IAB-Forschungsbericht 3/2008, o.O.

Flato, E./ Reinhold-Scheible, S. (2006): Personalentwicklung. Mitarbeiter qualifizieren, motivieren und fördern. Toolbox für die Praxis, Landsberg am Lech

Fromm, S. (2012): Datenanalyse mit SPSS für Fortgeschrittene 2. Mulitvariate Verfahren für Querschnittsdaten, Nürnberg.

Gabler Wirtschaftslexikon URL(a):
http://wirtschaftslexikon.gabler.de/Definition/beschaeftigungsfaehigkeit.html?referen
ceKeywordName=Fortbildung (13. April 2013) und URL(b):
http://wirtschaftslexikon.gabler.de/Definition/erwerbspersonenpotenzial.html (2. April 2013)

Gaier, C. (2005): Strategische Personalentwicklung als Instrument zur Erreichung des Unternehmensziels, Heidelberg.

Gelbert, A./ Inglesperger, A. (2008): Employer Branding als Wachstumshebel, Düsseldorf

Güttler, P. (2000): Statistik. Basic Statistics für Sozialwissenschaftler, München.

Guttmann, G. (Hrsg.) (1994): Allgemeine Psychologie. Experimentalpsychologische Grundlagen, Wien.

Hauke Holste, J. (2012): Arbeitgeberattraktivität im demographischen Wandel, Wiesbaden.

Hauser, F. (2009): Wahre Schönheit kommt von innen: Der Great Place to Work®-Ansatz , in: Trost, A. (Hrsg.): Employer Branding – Arbeitgeber positionieren und präsentieren, Köln.

Hennig, R. (2012): Hotellerie und Generation Y, Masterarbeit, Hochschule München.

Hennis, A. (2010): Reihenhaus statt Rebellion, in: Focus Online. URL: http://www.focus.de/schule/familie/jugend-2010-reihenhaus-statt-rebellion_aid_551026.html (24. Juni 2013).

Hermann, B. (2007): Weiterbildungsmaßnahmen und andere Anreize in der Schweizer Hotellerie, München.

Höckling, S. (2012): High Potentials. Die Besten unter den Besten, in: Zeit Online. URL: http://www.zeit.de/karriere/beruf/2012-01/high-potentials-leistungstraeger (14. April 2013).

Hoffmann, S. (2002): Jung, erfolgreich, kreuzunglücklich. Die Krise der Mittzwanziger, in: Spiegel online. URL: http://www.spiegel.de/unispiegel/wunderbar/jung-erfolgreich-kreuzungluecklich-die-krise-der-mittzwanziger-a-211192.html (13. April 2013).

Hungenberg, H./ Wulf, T. (2006): Grundlagen der Unternehmensführung, Berlin/ Heidelberg/ New York.

Institut für Organisationskommunikation (IFOK) URL: http://www.ifok.de/studie (30. März 2013).

Institut für Arbeitsmarkt- und Berufsforschung (IAB) URL(a): http://www.iab.de/de/erhebungen/iab-betriebspanel.aspx/ (24. Mai 2013) und URL(b): http://doku.iab.de/forschungsbericht/2012/fb1312.pdf (30. März 2013).

Institut für Arbeitsmarkt- und Berufsforschung (IAB) der Bundesagentur für Arbeit (Hrsg.) (2012): Demographischer Wandel der letzten 20 Jahre, in: IAB-Kurzbericht 10/2012, Nürnberg.

Institut zur Zukunft der Arbeit URL: http://www.iza.org/en/webcontent/publications/reports/report_pdfs/iza_report_09.pdf (3. April 2013).

Kienbaum (2009/2010): Was motiviert die Generation Y im Arbeitsleben? Studie der Motivationsfaktoren der jungen Arbeitnehmergeneration im Vergleich zur Wahrnehmung dieser Generation durch ihre Manager, in: Personalwirtschaft.de. URL: http://www.personalwirtschaft.de/media/Personalwirtschaft_neu_161209/Startseite/Downloads-zum-Heft/0910/Kienbaum_GenerationY_2009_2010.pdf (26. Juni 2013)

Kirchler, E. (Hrsg.) (2008): Arbeits- und Organisationspsychologie, Wien.

Klaffke, M./ Parment, A. (2011): Herausforderungen und Handlungsansätze für das Personalmanagement von Millenials, in: Klaffke, M. (Hrsg.): Personalmanagement von Millenials, Wiesbaden.

Kleiminger, H. (2011): Gen Y. Implikationen für die Personalentwicklung, in: Klaffke, M. (Hrsg.) Personalmanagement von Millenials, Wiesbaden.

Knecht, M./ Pifko, C. (2010): Psychologie am Arbeitsplatz, Zürich.

Laick, S. (2009): Die neue Generation abholen, in: Personalwirtschaft, Sonderheft 08/2009, o.O.

Lang, A./ Conrads, S./ Oberhäuser, B./ Lorenz, D. (2003): Kommunikation und Management, München.

Länge, T. W./ Menke, B. (Hrsg.) (2007): Generation 40 plus - Demographischer Wandel und Anforderungen an die Arbeitswelt, Bielefeld.

Leffers, J. (2012): Gibt es ein Leben nach der Arbeit? in: Spiegel Online. URL: http://www.spiegel.de/karriere/berufsstart/work-life-balance-gibt-es-ein-leben-neben-der-arbeit-a-833281.html (26. Juni 2013).

Lipkin, N./ Perrymore, A. J. (2009): Y in the workplace. Managing the "Me first" Generation, New York.

Loewe, H./ Severing, E. (Hrsg.) (2009): Als Arbeitgeber attraktiv. Leitfaden für die Bildungspraxis, Bielefeld.

Meinert, S. (2008): Arbeitsmarkt-Entwicklung: Die besten der Generation Y rekrutieren, in: FTD Financial Times Deutschland. URL: http://www.ftd.de/karriere/karriere/:arbeitsmarkt-entwicklung-die-besten-der-generation-y-rekrutieren/413901.html?page=2, (13. April 2013).

Meinert, S. (2010): Generation Y: Zwischen Ipod und Learning 2.0, in: Financial Times Deutschland. URL: http://www.ftd.de/karriere/management/:generation-y-zwischen-i-pod-und-learning-2-0/50107269.html (12. April 2013).

Mentzel, W. (2005): Personalentwicklung. Erfolgreich motivieren, fördern und weiterbilden, München.

Moosbrugger, H./ Kelava, A. (2008): Testtheorie und Fragebogenkonstruktion,
Heidelberg.

Müller, D. (2006): Moderatoren und Mediatoren in Regressionen, in: Albers, S./
Klapper, D./ Konradt, U./ Walter, A./ Wolf, J. (Hrsg.): Methodik der empirischen Forschung, Wiesbaden.

Nerdinger, F./ Blickle, G./ Schaper, N. (2011): Arbeits- und Organisationspsychologie, Heidelberg.

Obmann, C. (2012): Why?! – Die enttäuschte Generation Y, in: Karriere.de URL:
http://www.karriere.de/berufseinstieg/why-die-enttaeuschte-generation-y-165228/
(20. Juni 2013).

Olesch, G. (2012): Erfolgsfaktoren für Arbeitgeberattraktivität, in: Personalführung
Nr. 11/2012, o.O.

Parment, A. (2009): Die Generation Y – Mitarbeiter der Zukunft, Wiesbaden.

PricewaterhouseCoopers (Hrsg.): Talent Mobility 2020: The next generation of international assignments. URL: http://www.pwc.com/gx/en/managing-tomorrows-
people/future-of-work/pdf/talent-mobility-2020.pdf (13. April 2013).

Raithel, J. (2006): Quantitative Forschung, Wiesbaden.

Rechnungswesen verstehen URL: http://www.rechnungswesen-
verstehen.de/lexikon/erwerbsbevoelkerung.php (2. April 2013).

Rentzsch, K./ Schütz, A. (2009): Psychologische Diagnostik. Grundlagen und Anwendungsperspektiven, Stuttgart.

Robert Half (Hrsg.) (2010): Viele Generationen ein Team, S. 6 in: Robert Half URL: http://www.roberthalf.de/EMEA/Germany/Assets/eDMs/Robert_Half_Viele_Ge nerationen_ein_Team.pdf (27. April 2013).

Salt, B. (2007): Jenseits der Babyboomer: Der Aufstieg der Generation Y, o.O.

Schleiter, A./ Armutat, S. (2004): Was Arbeitgeber attraktiv macht?, in: Deutsche Gesellschaft für Personalführung e.V. (DGFP): Praxis Papiere Ausgabe 4/2004, o.O.

Scholz, C. (2000): Personalmanagement. Informationsorientierte und verhaltens- theoretische Grundlagen, München.

Schulmeister, R. (2010): Das Ende eines Mythos, in: Personalwirtschaft Nr. 09/ 2010, o.O.

Schulte, K./ Hauser, F./ Kirsch, J. (2009): Was macht Unternehmen zu guten Ar- beitgebern?, in: Wirtschaftspsychologie Heft 3/2009, o.O.

Schumann, S. (2012) Repräsentative Umfrage. Praxisorientierte Einführung in em- pirische Methoden und Analyseverfahren, München.

Schwenke, P./ Weber-Guskar, E. (2008): Kein Leben jenseits der Arbeit, in: Zeit on- line.   URL: http://www.zeit.de/campus/2008/04/interview-richard-senett   (13. April2013).

Singh, P./ Bhandarker, A./ Rai, S. (2012): Millenials and the Workplace. Challenges for Architecting the Organization of Tomorrow, New Dheli.

Statistische Ämter des Bundes und der Länder (Hrsg.) (2011): Demographischer Wandel in Deutschland. Heft 1. Bevölkerungs- und Haushaltsentwicklung im Bund und in den Ländern, Ausgabe 2011, Wiesbaden.

Stock-Homburg, R. (2010): Personalmanagement. Theorien - Instrumente – Kon- zepte, Wiesbaden.

Stolz, M. (2005): Generation Praktikum, in: Zeit online. URL: http://www.zeit.de/2005/14/Titel_2fPraktikant_14 (12. April 2013).

Thoma, C. (2011): Erfolgreiches Retention Management von Millenials, in: Klaffke, M. (Hrsg.): Personalmanagement von Millenials, Wiesbaden.

Top Arbeitgeber Deutschland URL: http://www.toparbeitgeber.com/employers/Teilnehmen.aspx (29. März 2013).

Top Job Studie URL: http://www.sphinxonline.net/compamedia/wahlomatan/wahlomatan.hyp (30. März 2013).

Towers Perrin HR Services (2005): Towers Perrin Deutschland Global Workforce Studie. URL: http://www.towersperrin.com/tp/getwebcachedoc?webc=HRS/DEU/2007/200701/G WS.pdf (29. März 2013).

Trost, A. (2009): Employer Branding, in: Trost, A. (Hrsg.): Employer Branding – Arbeitgeber positionieren und präsentieren, Köln.

Trost, A. (2012): Talent Relationship Management, Heidelberg.

Tulgan, B. (2009): Not everyone gets a trophy. How to manage generation y, San Francisco.

Universum – Building Brands to Capture Talents. URL: http://www.universumglobal.com/IDEAL-Employer-Rankings/The-National-Editions/German-Student-Survey.aspx (13. April 2013).

Weinstein, B. (2010): Don't let incompetent bosses stand in your way, in: Financial Post. URL: http://www.financialpost.com/executive/hr/story.html?id=2701771 (20. Juni 2013).

Westhoff, K./ Kluck, M.-L. (2003): Psychologische Gutachten schreiben und beurteilen, Heidelberg.

Wirtz, M./ Nachtigall, C. (1998): Statistische Methoden für Psychologen. Teil 1, Weinheim/ München.

Zemke, R./ Raines, C./ Filipczak, B. (2000): Generations at work. Managing the clash of Veterans, Boomers; Xers and Nexters in your workplace, New York.

Zentrum für betriebliches Weiterbildungsmanagement URL: http://www.f-bb.de/fileadmin/Materialien/Instrumente/Expertise_Arbeitgeberattraktivitaet.pdf (29. März 2013).

Printed in Germany
by Amazon Distribution
GmbH, Leipzig